本書で使われる主な単位

記号	単位名	物理量	掲載ページ
Ω	オーム	電気抵抗	146
$\Omega \cdot m$		抵抗率	146
A	アンペア	電流	48
A/m^2		電流密度	147
A/m		磁界の強さ	43, 137
C	クーロン	電荷, 電束	6, 122
C/m^3		体積電荷密度	16
C/m^2		面電荷密度, 電気分極, 電束密度	16, 117, 122
$C \cdot m$		電気双極子モーメント	116
F	ファラド	静電容量	109
F/m		誘電率	10, 121
H	ヘンリー	インダクタンス	83
H/m		透磁率	43
Hz	ヘルツ	周波数	79
J	ジュール	仕事, エネルギー	3, 4
J/m^3		エネルギー密度	39, 91
kg	キログラム	質量	4
m	メートル	長さ	3
N	ニュートン	力	3
N/m		単位長あたりの力	62
s	セカンド	時間	48, 74
rad/s		角周波数	79
T	テスラ	磁束密度, 磁気分極	46, 132
V	ボルト	電位差, 起電力	2, 8, 74
V/m		電界強度	6
W	ワット	電力, 仕事率	49, 149
Wb	ウェーバ	磁荷, 磁束	43, 45, 74
Wb/m^2		磁束密度, 磁気分極	46, 132
$Wb \cdot m$		磁気双極子モーメント	131

基本的な物理定数（2014年 CODATA 推奨値）

記号	物理量	定数
ε_0	真空の誘電率	$8.854187817 \times 10^{-12}$ $(1/\mu_0 c^2)$ F/m
μ_0	真空の透磁率	$1.2566370614 \times 10^{-6}$ $(4\pi \times 10^{-7})$ H/m
c	真空中の光速度	2.99792458×10^8 m/s
e	電気素量	$1.6021766208 \times 10^{-19}$ C
m_e	電子の質量	$9.10938356 \times 10^{-31}$ kg
m_p	陽子の質量	$1.672621898 \times 10^{-27}$ kg

ギリシャ文字

大文字	小文字	英語綴り	読み
A	α	alpha	アルファ
B	β	beta	ベータ
Γ	γ	gamma	ガンマ
Δ	δ	delta	デルタ
E	ϵ	epsilon	イプシロン，エプシロン
Z	ζ	zeta	ツェータ，ゼータ
H	η	eta	エータ
Θ	θ	theta	シータ，テータ
I	ι	iota	イオタ
K	κ	kappa	カッパ
Λ	λ	lambda	ラムダ
M	μ	mu	ミュー
N	ν	nu	ニュー
Ξ	ξ	xi	グザイ，クシー
O	o	omicron	オミクロン
Π	π	pi	パイ
ρ	ρ	rho	ロー
Σ	σ	sigma	シグマ
T	τ	tau	タウ
Υ	υ	upsilon	ウプシロン
Φ	ϕ	phi	ファイ
X	χ	chi	カイ
Ψ	ψ	psi	プサイ，プシー
Ω	ω	omega	オメガ

国際単位系の接頭辞

接頭辞	数	読み方	接頭辞	数	読み方
k	10^3	キロ (kilo)	m	10^{-3}	ミリ (milli)
M	10^6	メガ (mega)	μ	10^{-6}	マイクロ (micro)
G	10^9	ギガ (giga)	n	10^{-9}	ナノ (nano)
T	10^{12}	テラ (tera)	p	10^{-12}	ピコ (pico)
P	10^{15}	ペタ (peta)	f	10^{-15}	フェムト (femto)

エッセンシャル電磁気学

エネルギーで理解する

田口俊弘／井上雅彦 共著

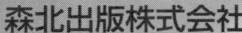

森北出版株式会社

● 本書のサポート情報を当社 Web サイトに掲載する場合があります．下記の URL にアクセスし，サポートの案内をご覧ください．

　　　　　　　　http://www.morikita.co.jp/support/

● 本書の内容に関するご質問は，森北出版 出版部「(書名を明記)」係宛に書面にて，もしくは下記の e-mail アドレスまでお願いします．なお，電話でのご質問には応じかねますので，あらかじめご了承ください．

　　　　　　　　editor@morikita.co.jp

● 本書により得られた情報の使用から生じるいかなる損害についても，当社および本書の著者は責任を負わないものとします．

■ 本書に記載している製品名，商標および登録商標は，各権利者に帰属します．

■ 本書を無断で複写複製（電子化を含む）することは，著作権法上での例外を除き，禁じられています．複写される場合は，そのつど事前に(社)出版者著作権管理機構（電話 03-3513-6969，FAX 03-3513-6979，e-mail：info@jcopy.or.jp）の許諾を得てください．また本書を代行業者等の第三者に依頼してスキャンやデジタル化することは，たとえ個人や家庭内での利用であっても一切認められておりません．

はじめに

　電気は私たちの暮らしになくてはならないものです．テレビや冷蔵庫や照明器具は電気がなければはたらきません．電車はもちろん電気で動いているし，自動車だって電気で走る電気自動車が増えてきています．そういう形をもつ電化製品だけではなく，皆さんがもっている携帯電話で会話することを可能にしているのも，インターネットで世界から情報を集めているのも電気です．もはや電気がない生活に戻ることは不可能です．

　ところで電気というのは何だと思いますか？　たとえば，テレビや冷蔵庫のどこが電気なのでしょう．電気自動車は電気を使って動いていますが，電気はどこにあって，どう使っているのだろうといわれても，すぐには答えが出てこないのではないでしょうか．せいぜい，テレビなら家庭用のコンセントから電気を取って，電気自動車ならバッテリー (電池) から電気を取って動いているんだ，というように電源をどこから取っているかを答えるくらいではないでしょうか．では電源から何を取ってくるんだといわれたらどう答えますか？

　雷は電気現象だといわれて，なるほど，では火花のように鋭く光るものが電気なのかというとそうでもありません．電池は電気を作り出すものですが，電池の中に入っているものは金属や化学物質です．電気の実体は何なのか，なかなかイメージができません．

　電気の実体は空間がもつエネルギーです．つまり，われわれが見たり触ったりできる物質がもっているのではなく，物質が入っている空間に蓄えられ，空間を伝わっていく，それこそが電気本来の姿なのです．見ることも触ることもできないので説明しにくいのです．しかし，電気が空間に蓄えられた形の定まらないエネルギーだからこそ，私たちに都合の良い形で利用することができるのです．電気工学とは，空間を利用してエネルギーを蓄え，物質とエネルギーを交換し，さらに空間を通してエネルギーを伝える技術を学ぶ学問です．空間エネルギー工学というべきかもしれません．もちろん，実際にはそんなことを意識して電柱に登って点検をしたり，テレビを開発しているエンジニアはいないと思いますが．

　これまで出版されてきた大学生向けの電磁気学の教科書は，ベクトルの微積分を使った説明が入っているものがほとんどです．電磁気学理論はマクスウェル方程式とよばれる基礎方程式に集約することができるのですが，このマクスウェル方程式が積分形

または微分形の方程式であることがその理由です．しかし，1変数の微積分しか学んでいない大学初年度の学生にとって，ベクトルの微積分を含んだ電磁気学は荷が重いと思います．

今回，大学初年度の学生を対象とした電磁気学の教科書を執筆するにあたり，微積分形式のマクスウェル方程式をできるだけ使わないで電磁気学を説明するよう努力しました．しかし，公式を並べただけの高校物理のような電磁気学にもしたくはありません．筆者はプラズマ物理が専門です．プラズマとは電気をもった粒子，荷電粒子が集団になった状態ですが，電気や磁気とダイナミックにエネルギーをやりとりします．太陽表面の磁気エネルギーが爆発し，プラズマが爆風として地球に向けて放出されたり，猛烈に強い光，レーザー光線を物質に当てると一瞬で穴が開くのは，空間に蓄えられた電磁気エネルギーが一気に物質エネルギーに転換されるからなのです．

電磁気学は基礎物理ですが，同時におもしろい学問分野でもあります．本書では電磁気学の本質的なおもしろさを，比較的やさしい数学の範囲で理解できるよう心がけました．この中心が，副題にした『エネルギーで理解する』というスタイルです．日常的にもなじみのあるエネルギーを話の軸にすることで，電磁気学の本質を見通すことができます．本書を読めば，応用に必要な電磁気学の基礎公式が修得できるだけでなく，電気および磁気が空間のエネルギーであり，それをわれわれがどのように利用しているかを具体的に理解してもらえると思います．

本書は6章より構成されていて，全部を1年間で教えることを想定しています．第1章は電気の基礎，第2章は磁気の基礎，第3章は電気と磁気の関わりである電磁誘導です．第4章と第5章では物質を含めた電磁気学を説明しました．最後の第6章では電磁気学の基礎方程式である微分形のマクスウェル方程式とそこから導かれる電磁波について説明しました．ただ，大学低学年では偏微分が未修得の場合が多いので，そのときには第6章を省略し，第5章まで教えても電磁気学の基本が押さえられるようになっています．微分形のマクスウェル方程式を使わないと電磁気学の大きな結論の一つである電磁波の存在を証明することができません．しかし，電線を使って電力や電気信号を送るときに，エネルギーが電線の中ではなく電線周辺の空間を伝わっていく話を第3章に入れてあるので，これを利用すれば電磁気的なエネルギーが空間を伝わるという概念を説明することができるようになっています．

プラズマ物理とは，力学・電磁気学・統計物理・量子論など，様々な物理の複合です．このため筆者も色々勉強してきましたが，つくづく電磁気学とは完成された理論体系だなと思います．20世紀物理学の代表である相対性理論や量子力学は電磁気学を発展させたものですが，19世紀に完成された電磁理論だけでもかなり広範囲の物理現象を説明することができます．本書は大学初年度の学生を対象とした電磁気学の教科

書であるため，本文の内容は基礎的な項目に限定せざるをえません．そこで，電磁気学の視野の広さを少しでも知ってもらうために，おもしろそうなトピックスを選んで，Wide Scope というコラムにして紹介しています．この名称に込められた筆者の意図を少しでも感じてもらえれば幸いです．

本書を読むときは，単に計算手法を暗記するのではなく，電磁気学の本質を理解するように努めてください．そうすれば電磁気現象というダイナミックな空間の世界を感じることができると思います．本書を読んで電気がどういうものかわかったら，世界を見る目が変わるかもしれませんよ．

本書は，摂南大学理工学部電気電子工学科における講義，電磁気学 I および II のために作成した配付資料をベースに執筆したものです．講義を共同で担当していただいている同大学同学科の山本啓三先生，鹿間信介先生，および元明石工業高等専門学校の野々瀬重泰先生からはさまざまなコメントをいただきました．ここに心から感謝いたします．

2012 年 8 月

著　者

目　次

はじめに　　　　　　　　　　　　　　　　　　　　　　　　　　　　i

第 1 章　電　界　　　　　　　　　　　　　　　　　　　　　　　1

1.1　電気回路 ·· 1
1.2　仕事とエネルギー ·· 2
1.3　電荷と電界 ··· 5
1.4　電位と電圧 ··· 7
1.5　電荷の作り出す電界 (静電界) ·· 9
1.6　クーロンの法則 ··· 12
1.7　電界の重ね合わせ ·· 13
1.8　電気力線と電界のガウスの法則 ····································· 18
1.9　電気力線を使った電界計算 ·· 24
1.10　電界から電位を計算する方法 ······································ 26
1.11　等電位面 ··· 32
1.12　電界エネルギー ·· 36
演習問題 ··· 39
Wide Scope 1　電気力線の張力と圧力 ··································· 40

第 2 章　電流と磁界　　　　　　　　　　　　　　　　　　　　42

2.1　磁石と磁界 ··· 42
2.2　磁束と磁界のガウスの法則 ·· 44
2.3　導体と電流 ··· 47
2.4　アンペールの法則 ·· 49
2.5　ビオ・サバールの法則 ··· 51
2.6　磁束の性質とアンペールの法則の一般化 ························ 55
2.7　面電流およびコイルによる磁界と電磁石 ························ 58
2.8　電流が磁界から受ける力 ··· 62
2.9　ローレンツ力 ·· 65
2.10　磁界は仕事をしない ·· 67
演習問題 ··· 69
Wide Scope 2　磁束には節がある ··· 70

第3章　電磁誘導　　72

- 3.1　電磁誘導現象 ··· 73
- 3.2　起電力と電磁誘導電界 ··· 76
- 3.3　磁界中を運動する導体棒 ······································· 79
- 3.4　鎖交磁束とインダクタンス ····································· 81
- 3.5　磁界エネルギー ··· 87
- 3.6　電磁エネルギーの流れ ··· 91
- 3.7　変位電流と拡張されたアンペールの法則 ·························· 95
- 演習問題 ·· 98
- Wide Scope 3　変位電流における電磁エネルギー流れ ··············· 99

第4章　電界中の物質　　101

- 4.1　物質の構成要素 ··· 101
- 4.2　導体 ··· 103
  - 4.2.1　静電誘導 ··· 103
  - 4.2.2　導体表面の電界強度 ····································· 105
  - 4.2.3　静電しゃへい ··· 107
  - 4.2.4　コンデンサと静電容量 ··································· 108
  - 4.2.5　コンデンサが電荷を蓄えているときの静電エネルギー ········ 111
  - 4.2.6　コンデンサの直列接続と並列接続 ························· 112
- 4.3　誘電体 ··· 114
  - 4.3.1　原子の束縛力と電気双極子 ······························· 114
  - 4.3.2　電気分極と電気感受率 ··································· 116
  - 4.3.3　誘電体を用いたコンデンサの静電容量 ····················· 120
  - 4.3.4　電束密度 ··· 121
  - 4.3.5　誘電体中のエネルギー ··································· 124
- 演習問題 ·· 126
- Wide Scope 4　導体の誘電率 ··································· 128

第5章　磁界中の物質と電気抵抗　　130

- 5.1　磁性体 ··· 130
  - 5.1.1　電気双極子と磁気双極子の比較 ··························· 131
  - 5.1.2　磁気分極と磁化率 ······································· 132
  - 5.1.3　磁性体を利用したコイル ································· 133
  - 5.1.4　分極電流と磁界の強さ ··································· 136

5.1.5　磁性体中のエネルギー ……………………………………… 139
　　5.1.6　強磁性と反磁性 …………………………………………… 142
　5.2　電気抵抗 ………………………………………………………… 144
　　5.2.1　摩擦，粘性と抵抗 …………………………………………… 144
　　5.2.2　電気抵抗によるエネルギー消費 …………………………… 149
　演習問題 ……………………………………………………………… 151
　Wide Scope 5　透磁率 0 の物質 – 超伝導体 ……………………… 152

第 6 章　マクスウェル方程式と電磁波　　154

　6.1　積分形のマクスウェル方程式のまとめ ………………………… 154
　6.2　電界および磁界のガウスの法則 ………………………………… 155
　6.3　電磁誘導の法則 …………………………………………………… 158
　6.4　拡張されたアンペールの法則 …………………………………… 161
　6.5　電磁界のエネルギー保存則 ……………………………………… 163
　6.6　電磁波の存在 ……………………………………………………… 165
　演習問題 ……………………………………………………………… 169
　Wide Scope 6　光の圧力 …………………………………………… 170

付　録　　173

　A　微積分の物理的意味 ……………………………………………… 173
　B　ベクトルの内積と外積 …………………………………………… 178
　C　ループ電流による磁気双極子と単極磁荷による磁気双極子 …… 180

演習問題の解答　　184
参考図書　　193
索　引　　194

第1章 電界

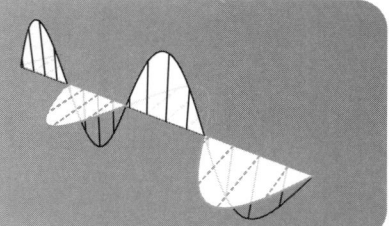

　電気というのは空間に満ちているエネルギーです．この電気エネルギーに満ちた空間を**電界**といいます．電気エネルギーを利用するには電界に反応して力を受ける物体である**電荷**が必要です．電界は電荷に力を与える能力をもち，この力によって電荷に仕事をしたり電荷から仕事を受け取ります．本章では簡単な電気回路の動作から話を始めて，回路に必要な電池の電圧と仕事との関係や電界と電圧の関係を示し，力の計算法や仕事の計算法を説明します．次に電荷が作り出す電界，**静電界**を説明し，いろいろな形状の電荷が作る電界の計算法を示します．最後に電界と電気エネルギーの関係について説明します．

1.1　電気回路

　電気を利用するときに基本となるのは**電気回路**です．そこで，まず電池で豆電球を光らせる簡単な電気回路の動作について考えてみましょう．豆電球とは懐中電灯に使われている小さな電球のことで，図1.1のように金属の線(導線)でできた2本の足がついています．これに対し，電池にも金属の接点が2個あります．これらを**電極**といい，片方がプラス電極(+)，もう片方がマイナス電極(−)です．図1.1のような円筒形の乾電池の場合には，突起のあるほうがプラス電極，平たいほうがマイナス電極です．

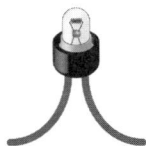 

図 1.1　豆電球と乾電池

　さて，豆電球の足を電池の電極につないで光らせるには，つなぎ方が問題です．図1.2(a)のように，豆電球から出ている2本の導線を，2本ともプラス端子につない

だりマイナス端子につないでも光りません．図 (b) のように片方だけをつないでもだめです．図 (c) のように片方をプラス，もう片方をマイナスにつないだときだけ豆電球が光ります．図 (c) のようにつなぐと，電池のプラス電極から出た導線が豆電球を経由して，電池のマイナス電極に戻るループができます．これが**電気回路**です．電気回路を作らなければ豆電球は光りません．

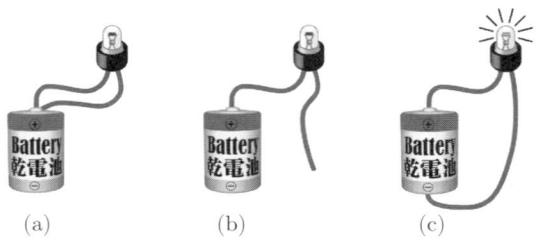

図 **1.2** 豆電球を乾電池につなぐ

ここで電池に 2 個の電極，プラスとマイナス，があるところがポイントです．電池にはいろいろな種類があります．よく見かける筒形の乾電池は，一番大きいものが単 1 乾電池で，単 2，単 3 と数値が増えるに従って小さくなります．電卓などに使われているものは平たい円盤状のボタン電池です．これらは形や用途は違いますが，本質的には同じです．重要な違いは，形ではなくその強さで，電池の強さを示す数値が**電圧**です．円筒型の電池はおよそ 1.5 V で，ボタン電池は 3 V です[1]．V というのは電圧の単位で "ボルト" と読みます．大きいほうが強いのですが，この電圧の意味を説明するにはまず物理学の力と仕事の関係を説明しなければなりません．

例題 1.1 ◆ 電気回路のことを英語で electric circuit，あるいは省略して単に circuit (サーキット) という．F1 レースなどのサーキットコースとの類似点は何か．

解答● 電気回路もサーキットコースも，いずれもループになっていて何周もぐるぐる回ることができる．流れに切れ目ができないことがポイント．

1.2　仕事とエネルギー

電磁気学を考えるときに重要なのが**エネルギー**です．本節では力学の基礎である力と仕事とエネルギーについて簡単に説明します．

---

[1] 電池の性能を示す数値としてもう一つ重要なのは，電池に蓄えられているエネルギー量です．これはどのくらいの電流を，どのくらい長い時間流せるかを決めます．1.5 V の単 1 乾電池は 3 V のボタン型の電池より電圧は低いですが，大きな電流を長い時間流すことができます．

物理学では，力を加えながら物体を移動したとき，この力は"仕事をした"といいます．ここでいう**仕事**は，人間が働くという意味の仕事ではなく物理量です．簡単のため，加えた力は一定であるとし，力の大きさを F [N]，移動距離を l [m] とします．すると，図 1.3 のように，力を加えた方向に移動したときにする仕事は，

$$W = Fl \tag{1.1}$$

です．仕事の単位は J(ジュール) です．1 J = 1 Nm です．

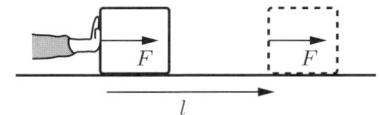

図 1.3 力と仕事

図 1.4(a) のように，力と移動方向が角度 θ をなしているときは，

$$W = Fl\cos\theta \tag{1.2}$$

となります．この式は，加えた力全部が仕事をするのではなく，移動方向に加わる力の成分 $F\cos\theta$ が仕事をすることを意味します．ということは，図 (b) のように $\theta = 90°$ ならば，どんなに大きな力を加えても仕事はしません．

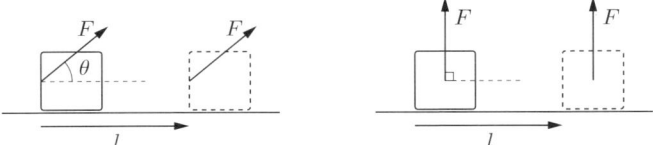

(a) 力と移動方向の角度が θ のとき　　(b) 力と移動方向が垂直のとき

図 1.4 力と移動する方向が違うときの仕事

より一般的に，力が場所によって変化する場合には，単純な掛け算では計算できないので積分が必要です．移動方向を x 方向として，x 方向の力が x の関数で $F(x)$ と表されるときに，$x = a$ から $x = b$ へ移動したときになされた仕事は

$$W = \int_a^b F(x)\,dx \tag{1.3}$$

となります[2]．力が x 方向と角度 $\theta(x)$ をなすときには

$$W = \int_a^b F(x)\cos\theta(x)\,dx \tag{1.4}$$

---

[2] 力 $F(x)$ が位置 x によって変化するときは，$x = a$ から $x = b$ の区間を細かく分割し，各細分割区間での仕事を合計することで総仕事量を計算します．この合計は関数 $F(x)$ を a から b まで積分することに相当します．付録 A を参照して下さい．

となります.

　仕事という用語は"力が仕事をする"というように動作に対して使われますが、このとき仕事をされた物体は、"エネルギーを受け取った"といいます。**エネルギー**というのは仕事と同じ量で単位もJですが、動作ではなく物体や状態が保持している量です.このため、"エネルギーを使った"とか"エネルギーを与えた"というように、やりとりした仕事量に対しても使います.

　エネルギーには、"全エネルギーは保存する"という非常に重要な法則があります.無から有は生まれません。すべての物理状態にはエネルギーがあり、そのすべてのエネルギーの合計は、時間が経過しても変化しません。これを**エネルギー保存の法則**といいます。仕事というのはエネルギーの移動ですから、仕事をするにはどこかからエネルギーを出す必要があります。また、仕事をされた物体のエネルギーは増加します.

　たとえば、質量 m [kg] の物体には mg [N] の重力が下向きにかかっています[3]. このため図1.5のように、地面から高さ h [m] にある点Aから物体を落下させると、地面に到達するまでに $W = mgh$ [J] の仕事をすることになります。これは、重力が物体にする仕事です。力学では、高さ h の点におかれた物体はエネルギーをもっていて、下に落ちるときにそれを仕事に転換すると考えます。この物体の高さで決まるエネルギーを**位置エネルギー**といいます[4]. 質量 m [kg] の物体が高さ h [m] にあるときの位置エネルギー U [J] は、

$$U = mgh \tag{1.5}$$

です。ただし、高さは、机の上から測るのか、地面から測るのか、のように 0 [m] の基準点をどこにおくかによって変わるので、位置エネルギーの値も基準点の決め方で変わります。しかし、位置エネルギーの差、たとえば点Aの位置エネルギーを U_A [J]、点Bの位置エネルギーを U_B [J] としたときの差

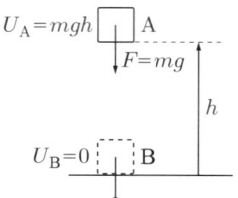

図 1.5　重力と位置エネルギー

---

[3] g は重力加速度で約 9.8 m/s^2 です.
[4] 図1.3のように地面と平行に物体を移動するときには、物体に与えた仕事は位置エネルギーになりません。地面に沿って物体を動かすのに力が必要なのは、物体と地面との間の摩擦力に逆らって移動させるからです。このとき与えた仕事は摩擦により生じる熱のエネルギーに使われます.

$$W = U_\mathrm{A} - U_\mathrm{B} \text{ [J]} \tag{1.6}$$

は基準と無関係です．図 1.5 のように，点 A が点 B より上にある場合，この位置エネルギーの差 W が，点 A の物体が点 B まで落下したときに重力が物体にする仕事になります．

エネルギー保存の法則によれば，物体が落ちて減少した位置エネルギーは別のエネルギーにならねばなりません．持ち上げた物体は手から離れると同時に落ちますが，このとき物体の速度が増加します．質量 m [kg] の物体が速度 v [m/s] で動いているときは運動エネルギー $mv^2/2$ [J] をもつので，物体が落下すると位置エネルギーが運動エネルギーに転換し，その結果，速度が増加すると考えられます．

この物体の位置エネルギーを利用した発電設備が水力発電です．ダムにためた水を落とすことで，水の位置エネルギーを仕事に変え，この仕事を電気エネルギーに転換します[5]．電気や磁気もエネルギーをもった状態なのですが，これは後で詳しく説明します．

例題 1.2 ◆ 重さ 20 kg の物体を地表から高さ 350 m の地点まで持ち上げたとき，この物体に蓄えられた位置エネルギーを計算せよ．また，この地点から物体が地表に落下したとき，着地寸前の物体の速度を計算せよ．

解答 ● 蓄えられた位置エネルギーは，$U = mgh = 20 \times 9.8 \times 350 = 68\,600$ J であり，これがすべて運動エネルギーに変わるとすると $U = mv^2/2$ より，$v = \sqrt{2U/m} = 82.8$ m/s となる．時速にすると 298 km/h となり，新幹線 700 系 "のぞみ" の最高速度にほぼ等しい．

1.3　電荷と電界

乾電池は電気的なエネルギーを蓄えている器具で，電気回路に接続することで回路にエネルギーを供給することができます．家庭用コンセントからも同じく電気エネルギーを供給することができますが，このような電気エネルギーを供給する装置を一般に **電源** といいます．電源のエネルギーを利用することで，モータを動かしたり，電球を光らせたり，ラジオから音を出すことができます．ただし，この電気的なエネルギーを利用するには，**電荷** が必要です．電荷とは電気的状態から力を受ける物体のことです．前節で重力を受ける物体は位置エネルギーをもつという話をしましたが，電荷は

---

[5] ダムに水をためるには下からくみ上げなければなりません．水は川の上流からきて，その水は雨水であり，雨水は雲から落ちてきた，というようにたどっていくと，結局太陽エネルギーによる水の蒸発によってくみ上げられています．水力発電とは太陽エネルギーを利用した発電なのです．

電気的状態から力を受けるので，電気的状態の中で位置エネルギーをもちます[6]．電気製品はこのエネルギーを利用して動きます．

電荷には電気的状態に反応する大きさがあり，これを**電荷量**といいます．電荷量を単に電荷ということもあります．電荷量の単位は C(クーロン) です．クーロンは電気の基本単位ですが，1 C の電荷はかなり大きな量なので，μC (マイクロクーロン) などの小さい単位を使うことが多いです[7]．

電荷には，正電荷と負電荷の2種類が存在し，力のはたらく方向が異なります．また，電気に反応しない電気的に中性な物体も存在します．この区別のため，電荷量を表すときは符号を付けます．たとえば，5 C の電荷は正電荷を意味し，−3 C は負電荷を意味します．電気的に中性な物体は電荷量が0です．電荷にプラス・マイナスがあることは，電池のプラス・マイナスとも関係があります．

さて，重力というのは質量 m [kg] の物質にかかる力でした．地上では重力加速度 g [m/s^2] とすると，$F = mg$ [N] です．ここで重要なのは，重力という力が質量という物体の大きさを表す量に比例していることと，重力加速度 g が力を受ける物体とは無関係に決まっていることです．重力の本質は，"重力を生み出す空間" があり，そこに物体をおくと物体の質量に比例した力が生じるということにあります．この物体をおくと重力が生じる空間を重力場といいます．"場" というのは "状態をもった空間" のことです．

電荷とは，電気的状態に反応する物体で，この電気的状態をもつ空間を**電場**といいます．ただし，電気工学の分野では**電界**とよぶ習慣になっているので，本書では電界という用語を使います．物理学では電場という言葉を使いますので，両方覚えましょう．

電気的状態をもつ空間である電界に電荷量 Q [C] の電荷をおくと，電荷量に比例した力 F [N] がはたらき，

$$F = QE \tag{1.7}$$

となります．この比例係数 E を**電界の強さ**または**電界強度**といいます．電界強度は 1 C の電荷にかかる力の大きさなので，単位は N/C ですが，通常は V/m を使います．V は 1.1 節に出てきた電池の強さを表す単位，ボルトです．どうしてこの単位になるかは次節で説明します．

なお，力は方向をもっているので正確にはベクトルで考えなければなりません．

---

[6] 一般的に物体にかかる力には，位置エネルギーが定義できる "保存力" と，定義できない "非保存力" があります．本章では，電荷に保存力を加える静電界を中心に説明するので，位置エネルギーが定義できると仮定して話を進めますが，第3章で説明する電磁誘導電界では定義できません．静電界で位置エネルギーが定義可能であることについては 1.10, 1.11 節で説明します．

[7] 1μC = 10^{-6} C です．

$$\boldsymbol{F} = Q\boldsymbol{E} \tag{1.8}$$

ここで $\boldsymbol{F}$ [N] が力のベクトル，$\boldsymbol{E}$ [V/m] が電荷 Q [C] にその力を与える電界ベクトルです．すなわち，電界強度は大きさだけではなく方向も考える必要があります．電荷には正電荷と負電荷の 2 種類がありますが，これは同じ電界強度の点においた場合に加わる力の方向の違いで区別されます．正電荷は，図 1.6(a) のように電界方向に力を受けますが，負電荷は，図 (b) のように電界と逆方向に力を受けます．

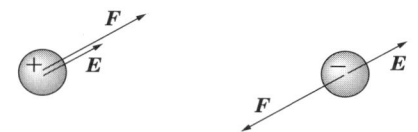

(a) 正電荷が受ける力　　(b) 負電荷が受ける力

図 1.6　電荷が電界から受ける力

なお，一つ注意が必要です．電界は空間状態ですが，一般的には場所によって強さや方向が変化します．もし，電荷が広がりをもっている場合には電荷の場所によって異なる電界強度を感じることになり，電荷全体にかかる力は単純に電荷量に比例するとは限りません．

このため，式 (1.8) がつねに正しいのは，広がりが無視できる十分小さな電荷だけになります．このような大きさを無視できる電荷を **点電荷** といいます．たとえば，物質の構成要素の一つである電子は，負の点電荷であると考えられています．電磁気学では，必ずしもそのような実際に存在する点電荷を考える必要はなく，非常に小さい，正確には電界の空間変化が無視できるくらい小さい電荷が点電荷です．

例題 1.3 ◆ 電荷量 $Q = 0.2$ C をもつ点電荷を，電界強度 $E = 10$ V/m の電界中においたときにはたらく力 F を計算せよ．

解答● $F = QE = 0.2 \times 10 = 2$ N

1.4　電位と電圧

電界は電荷に力を与えるので，電荷とエネルギーをやりとりすることができます．図 1.7 のように，x 方向に一様な電界強度 E をもつ電界を考えて[8]，点 A に電荷量 Q [C] の正の点電荷をおいたとします．この電荷が，x 方向に l [m] 離れた点 B に移動すると，仕事

---

[8] "一様な" という用語は，どの場所でも同じ方向，同じ大きさであるという意味で使われます．

$$W = QEl \text{ [J]} \tag{1.9}$$

をします．この仕事は電界が電荷にした仕事です．このため，点 B をエネルギーの基準にすれば点 A におかれた電荷の位置エネルギーが

$$U = QEl \text{ [J]} \tag{1.10}$$

であると考えられます．

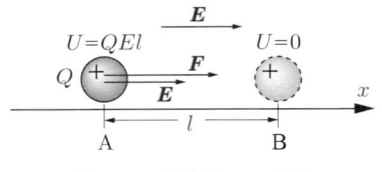

図 1.7　電界中での仕事

このように，電界の中におかれている点電荷の位置エネルギー U は，その電荷量 Q に比例します．そこで比例係数として

$$V = El \tag{1.11}$$

を考えれば，その点電荷の位置エネルギーは

$$U = QV \tag{1.12}$$

となります．比例係数 V は，おかれた点電荷に関係なく電界強度だけで決まるので，一種の空間状態を示す値です．この空間状態値を**電位**といいます．電位の単位が V（ボルト）です[9]．1 V とは，1 C の電荷を電界中においたときに 1 J の位置エネルギーをもたせる空間状態のことです．位置エネルギーの差は仕事量なので，点 A の電位を V_A [V]，点 B の電位を V_B [V] とすれば，

$$W = U_A - U_B = Q(V_A - V_B) = QV_{AB} \tag{1.13}$$

となります．この $V_{AB} = V_A - V_B$ [V] を**電位差**といいます．電池の説明に出てきた**電圧**とは，この電位差のことです．

電位差とは，電荷にエネルギーを与える能力の大きさを示す数値です．空間の離れた 2 点間に電位差があれば，水を落としてエネルギーを生み出す水力発電のように，電荷を動かしてエネルギーを取り出すことができます．電池は化学反応により電位差を作り出していますが，化学反応の種類によって電位差が異なります．電池に蓄えられている電気エネルギーは有限なため，使い続けるとなくなってしまいます．これが電池が切れた状態です．

---

9) 式 (1.11) より電界強度の単位が V/m であることがわかります．

なお，電荷に対する仕事 W は，正なら位置エネルギーが仕事に転換され，負なら位置エネルギーが蓄えられたことを意味します．しかし，電荷には正電荷と負電荷が存在するので，同じ電位差でも電荷の正負でエネルギーの移動方向が逆になります．

電池は電界を作り出しますが，この電界を有効に利用するには電荷を効率良く移動させてエネルギーを取り出さなければなりません．これが**電流**です．電流は次章で説明します．

例題 1.4 ◆ 距離 $l = 4$ m の 2 点間の電位差が $V = 100$ V であった．このときの電界強度 E を計算せよ．また，この電界中で $Q = 0.02$ C の電荷を電界方向に 3 m 移動したときの仕事を計算せよ．

解答 ● $E = \dfrac{V}{l} = \dfrac{100}{4} = 25$ V/m

また $d = 3$ m として，$U = Fd = QEd = 0.02 \times 25 \times 3 = 1.5$ J

1.5 電荷の作り出す電界 (静電界)

乾電池は化学反応によって電界を作り出しますが，正確にいえば化学反応によってプラスの電荷とマイナスの電荷を分離する器具です．電荷が存在するとその作用で電界が発生します．これを**静電界**といいます．つまり，電荷の役割には，"電界に反応すること"と"電界を作ること"の二つがあります．

もっとも単純な電荷，点電荷が作り出す電界には次のような性質があります．
 (1) 電界の存在点と点電荷を結ぶ直線方向のベクトルである．
 (2) 正の点電荷なら点電荷から離れる方向に，負の点電荷なら点電荷の方向を向く．
 (3) 電界強度は点電荷の電荷量に比例する．
 (4) 電界強度は電界の存在点と点電荷の距離の 2 乗に反比例する．

(3) と (4) を式で表せば，電荷量 Q [C] の点電荷が距離 r [m] 離れた点に作る電界強度は，比例係数を A として

$$E = A\frac{Q}{r^2} \tag{1.14}$$

となります．電界ベクトルの向きは，正の点電荷 ($Q > 0$) なら図 1.8(a) のように電荷から離れる方向，負の点電荷 ($Q < 0$) なら図 (b) のように電荷に向かう方向です．点電荷から外向きの電界を正であると定義すれば，負電荷では逆向きになるので，式 (1.14) は (2) の性質を含んでいます．

ここで忘れてはならないのは，電界が空間状態であることです．つまり，図 1.8 で電

(a) 正の点電荷による電界　　(b) 負の点電荷による電界

図 1.8　点電荷による電界

界ベクトルを描いた点は代表的に示しただけで，実際には，空間のすべての点に電界ベクトルが存在します．しかし，空間には無限の点があるので，すべてのベクトルを図に描くのは不可能です．そこで，かなり間引いて描いたのが図 1.9 です．図 1.9(a) は正電荷の周りの電界，図 (b) は負電荷の周りの電界です．図をみて気がつくのは，電界が正電荷から外側に出ていく流れのようにみえることです．負電荷の場合は電荷の方向に流れています．この流れについては 1.8 節で詳しく述べます．

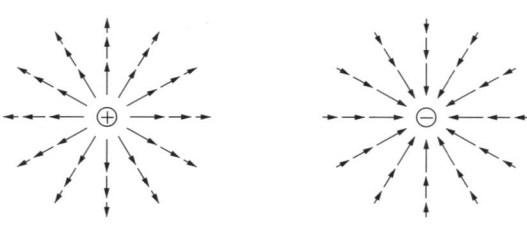

(a) 正の点電荷周りの電界　　(b) 負の点電荷周りの電界

図 1.9　点電荷周りの電界の様子

式 (1.14) の比例係数 A は，この点電荷以外に何もない場合，つまり周りが**真空**の場合には次式で与えられます．

$$A = \frac{1}{4\pi\varepsilon_0} \tag{1.15}$$

ここで，ε_0 は**真空の誘電率**とよばれる量で，$\varepsilon_0 \fallingdotseq 8.85 \times 10^{-12}$ F/m です [10]．この F (ファラド) という単位は 4.2.4 項で説明します．この値を代入すると，$A \fallingdotseq 9.0 \times 10^9$ m/F となります．この値のほうが，9 と 9 で覚えやすいでしょう．

式 (1.15) を式 (1.14) に代入すれば，真空中におかれた電荷量 Q [C] の点電荷が r [m] 離れた点に作る電界の強さ E [V/m] は

$$E = \frac{Q}{4\pi\varepsilon_0 r^2} \tag{1.16}$$

---

[10] 真空の誘電率 ε_0 は測定値ではありません．正確には $\varepsilon_0 = 10^7/4\pi c^2$ です．ここで，c は真空中の光速度です．現在の物理学における c は測定値ではなく定義値なので，有効数字の桁数は無限大です．よって，ε_0 も有効数字の桁数は無限大です．詳細は 6.6 節で説明します．

となります．ε_0 に近似値を代入すると，

$$E \fallingdotseq 9.0 \times 10^9 \times \frac{Q}{r^2} \ [\text{V/m}] \tag{1.17}$$

となります．

　しかし，電界は大きさだけではなく，方向をもっていますから一般的にはベクトルを計算する必要があります．いま，図 1.10 のように点電荷 Q の位置ベクトルを $\boldsymbol{r}_0$ とし，電界を計算したい点の位置ベクトルを $\boldsymbol{r}$ とすると，電界の存在点と点電荷を結ぶ直線は，ベクトル $\boldsymbol{r} - \boldsymbol{r}_0$ の方向になります．また，電界点と電荷の距離 r は，このベクトルの長さ，$r = |\boldsymbol{r} - \boldsymbol{r}_0|$ ですから，電界ベクトルは，式 (1.16) に $\boldsymbol{r} - \boldsymbol{r}_0$ の方向をもつ長さ 1 のベクトル (単位ベクトル) を掛けることで計算できます．

$$\boldsymbol{E} = \frac{Q}{4\pi\varepsilon_0 r^2} \times \frac{\boldsymbol{r} - \boldsymbol{r}_0}{r} = \frac{Q}{4\pi\varepsilon_0} \times \frac{\boldsymbol{r} - \boldsymbol{r}_0}{r^3} \tag{1.18}$$

または，r を $\boldsymbol{r}$ と $\boldsymbol{r}_0$ で表して，

$$\boldsymbol{E} = \frac{Q(\boldsymbol{r} - \boldsymbol{r}_0)}{4\pi\varepsilon_0 |\boldsymbol{r} - \boldsymbol{r}_0|^3} \ [\text{V/m}] \tag{1.19}$$

となります．

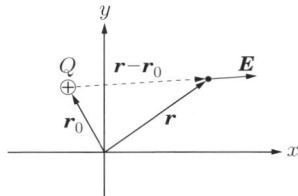

図 1.10　点電荷による電界ベクトルの計算

　式 (1.19) は，電界ベクトルの性質 (1)〜(4) すべてを含んでいます．また，後で述べるように点電荷が 2 個以上あるときの電界強度計算をするときに重要な役割を果たします．

例題 1.5 ◆　電荷量 $Q = 4\ \mu\text{C}$ の点電荷が，距離 $r = 3$ m 離れた地点に作る電界強度 E を計算せよ．また，この地点に電荷量 $q = 2\ \mu\text{C}$ の電荷をおくとき，この電荷にはたらく力 F を計算せよ．

解答●　$E = \dfrac{1}{4\pi\varepsilon_0} \times \dfrac{Q}{r^2} = 9 \times 10^9 \times \dfrac{4 \times 10^{-6}}{3^2} = 4 \times 10^3$ V/m

また，$F = qE = 2 \times 10^{-6} \times 4 \times 10^3 = 8 \times 10^{-3}$ N

1.6 クーロンの法則

電荷には,電界に反応することと電界を作り出すことの二つのはたらきがあるので,点電荷が2個あると互いに力を及ぼします.いま,電荷量 Q_1 [C] と Q_2 [C] の2個の点電荷が距離 r [m] 離れておかれているとします.このとき,Q_1 の点電荷が Q_2 の位置に作る電界の強さは,

$$E_1 = \frac{Q_1}{4\pi\varepsilon_0 r^2} \text{ [V/m]} \tag{1.20}$$

です.よって,点電荷 Q_2 はこの電界に反応して,

$$F_2 = Q_2 E_1 = \frac{Q_1 Q_2}{4\pi\varepsilon_0 r^2} \text{ [N]} \tag{1.21}$$

の力を受けます.逆に Q_2 が作り出す電界から Q_1 が受ける力もこれと同じ大きさです[11].つまり,2個の点電荷があるとそれぞれに力がかかり,力は2個の点電荷の電荷量の積に比例して,点電荷の距離の2乗に反比例します.これを**クーロンの法則**といいます.また,点電荷に加わる力を**クーロン力**といいます.

クーロンの法則は,1785年にクーロン (C.A. de Coulomb) が実験で確認したものですが,そのときは電界という概念がまだなく,離れた電荷に直接力がはたらくと考えられていました.離れている物体に力を加えるのは不思議な現象ですが,電界という空間状態を導入して,片方の電荷が作り出す電界にもう片方の電荷が反応していると考えれば,それほど不思議ではありません.

2個の点電荷があるときにはたらく力の方向は覚えておきましょう.両方が正電荷の場合には,電界が外向きで力もその方向にかかるため,図1.11(a) のように,力は2個の点電荷を引き離す方向にはたらきます.また,両方が負電荷の場合には,電界が内向きなのに,受ける力はそれと反対なので,図(b) のようにやはり引き離す方向にはたらきます.図(c) のように,片方が正でもう片方が負の場合には,正電荷が作る外向き電界に負電荷が逆向きに力を受けるため,2個の点電荷は引き付けられる方向に力を受けます.

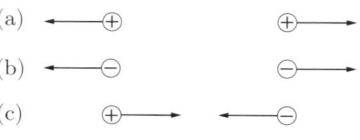

図 **1.11** 2個の点電荷にはたらく力

---

11) ただし向きは逆です.これを作用反作用の法則が成り立つといいます.

まとめると，

　　　　同種電荷間には反発力がはたらき，異種電荷間には引力がはたらく

となります．プラスとプラス，マイナスとマイナスは反発し，プラスとマイナスは引き合うのです．

　なお，"クーロンの法則" という名称は，元来は点電荷間の力の法則につけられたものですが，一般に物理量が距離の2乗に反比例する法則をもつときに用いられています．たとえば，点電荷のつくる電界は距離の2乗に反比例するので，"電界のクーロンの法則" です．

例題 1.6 ◆　2個の点電荷が $Q_1 = 4$ μC と $Q_2 = -3$ μC であるとし，電荷間の距離を $r = 3$ m とする．点電荷に加わる力 F を計算せよ．また，このときの力は反発力と引力のどちらであるか．

解答● $F = \dfrac{1}{4\pi\varepsilon_0}\dfrac{Q_1 Q_2}{r^2} = 9 \times 10^9 \times \dfrac{4 \times 10^{-6} \times (-3) \times 10^{-6}}{3 \times 3} = -1.2 \times 10^{-2}$ N

符号が負なので引力である．

1.7　電界の重ね合わせ

　ここまでは点電荷1個が作り出す電界でしたが，次に点電荷が2個以上ある場合を考えます．式 (1.19) によると，点電荷が作り出す電界の強さは点電荷の電荷量に比例します．このため，同じ場所に2個の点電荷をおいたときに発生する電界は，その2個の合計電荷量をもつ1個の点電荷が作り出す電界に等しくなります．すなわち，電界はそれぞれの電荷が作る電界の合計になります．

　このことは，2個の点電荷が離れていても成り立ちます．これを**重ね合わせ**といいます．図 1.12 のように，2個の点電荷 Q_1 と Q_2 が存在するとき，点電荷以外の空間点 P での電界は

$$\boldsymbol{E} = \boldsymbol{E}_1 + \boldsymbol{E}_2 \tag{1.22}$$

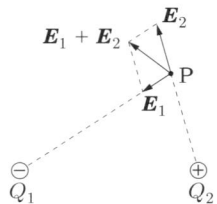

図 1.12　電界の重ね合わせ

となります。ここで、$\boldsymbol{E}_1$ は点電荷 Q_1 が点 P に作る電界ベクトル、$\boldsymbol{E}_2$ は点電荷 Q_2 が点 P に作る電界ベクトルです。重要なことは、電界の強さの合計ではなく、電界ベクトルの合成ベクトルになることです。2本のベクトルの和は、図のように2本のベクトルからなる平行四辺形の対角線ベクトルになりますから、方向が異なる電界を加えるときにはこれを考慮して計算しなければなりません。

例として、図1.13のように2個の点電荷とPが1辺 r [m] の正三角形の頂点にある場合を計算します。ここで電荷量は等しくて Q [C] とします。左側の電荷が点Pに作る電界強度 E_1 [V/m] と、右側の電荷が点Pに作る電界強度 E_2 [V/m] は等しくて、

$$E_1 = E_2 = \frac{Q}{4\pi\varepsilon_0 r^2} \tag{1.23}$$

です。しかし、この2個の電界を重ね合わせるには、単純に2倍するのではなく、ベクトルの合成が必要です。すなわち、ベクトル間の角度を考慮して計算しなければなりません。図より、$\boldsymbol{E}_1$ と $\boldsymbol{E}_1 + \boldsymbol{E}_2$ のなす角度は 30° なので、合成電界の強さ E [V/m] は、

$$E = 2E_1 \cos 30° = \sqrt{3} E_1 = \frac{\sqrt{3} Q}{4\pi\varepsilon_0 r^2} \tag{1.24}$$

となります。

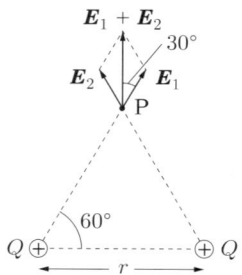

図 1.13　電界の重ね合わせ計算例

3個以上の点電荷が存在する場合も同様で、それぞれの点電荷が単独で点Pに作る電界ベクトル $\boldsymbol{E}_1$, $\boldsymbol{E}_2$, $\boldsymbol{E}_3$…, を合成することで点Pの電界ベクトルが計算できます。

$$\boldsymbol{E} = \boldsymbol{E}_1 + \boldsymbol{E}_2 + \boldsymbol{E}_3 + \cdots \tag{1.25}$$

物質は、正電荷である**原子核**と負電荷である**電子**からできているので[12]、原理的には点電荷の重ね合わせですべての静電界を計算することが可能です。しかし、原子核や電子は小さすぎて、1個1個を見分けることができません。私たちに見えるのは点

---

[12] 物質の構成要素の詳細は 4.1 節参照.

1.7 電界の重ね合わせ

電荷がばらばらにまき散らされた状態ではなく，どの点を取っても電荷が存在する状態です．これを**連続的に分布した電荷**といいます．

たとえば，球形の電荷や板状の電荷もありますし，人の形をした電荷やハシゴ形の電荷だって考えられないわけではありません．このような連続的に分布した電荷が作り出す電界は，電荷を小さな区画に分割して，それぞれの区画が作る電界を重ね合わせることで計算します．その際，区画を十分小さくすれば，点電荷が作る電界の公式（式 (1.16)) を使うことができます．

一例として，図 1.14 のような細いリング状の電荷を考えます．リング全体の電荷量を Q [C]，リングの半径を R [m] として，リングの中心 O から垂直に z [m] 離れた点 P に作られる電界を計算します．リングを N 等分に細かく区切れば，1 区画には Q/N [C] の電荷が入っていますから，この 1 区画が点 P に作る電界の強さは

$$E_1 = \frac{Q/N}{4\pi\varepsilon_0 r^2} = \frac{Q/N}{4\pi\varepsilon_0(R^2+z^2)} \ [\text{V/m}] \tag{1.26}$$

となります．ここで，リングと点 P の距離が $r = \sqrt{R^2+z^2}$ [m] であることを使いました．この 1 区画からの電界ベクトル $\boldsymbol{E}_1$ と，リングの中心 O と点 P を結ぶ方向との角度を図のように θ とすれば，$\boldsymbol{E}_1$ の水平成分は $E_1\sin\theta$，垂直成分は $E_1\cos\theta$ になります．水平成分はリング全体で足し合わせると 0 になるので，残るのは図のベクトル $\boldsymbol{E}$ で表された垂直成分だけです．リング全体について $\boldsymbol{E}_1$ の垂直成分を合計 (N 倍) すれば，$\boldsymbol{E}$ の大きさ E [V/m] は，

$$E = NE_1 = N\frac{Q/N}{4\pi\varepsilon_0(R^2+z^2)}\cos\theta = \frac{Q}{4\pi\varepsilon_0(R^2+z^2)}\cos\theta \tag{1.27}$$

となります．図より，$\cos\theta = z/r = z/\sqrt{R^2+z^2}$ なので，

$$E = \frac{Qz}{4\pi\varepsilon_0(R^2+z^2)^{3/2}} \tag{1.28}$$

となります．リング電荷の場合には，単純に距離 z の 2 乗に反比例しないことがわかります．しかし，z が非常に大きくなって，分母の R が無視できれば，

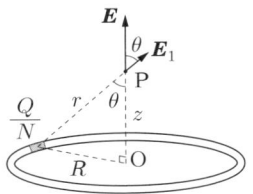

図 **1.14** リング電荷による電界

$$E \fallingdotseq \frac{Qz}{4\pi\varepsilon_0(z^2)^{3/2}} = \frac{Q}{4\pi\varepsilon_0 z^2} \tag{1.29}$$

となります．つまり，リングから遠く離れた人間にはリングかどうかわからず，単に電荷量 Q の点電荷にみえます．

連続的に分布した電荷を考えるときには，全電荷量 Q [C] のかわりに**電荷密度** $\rho = Q/V$ をよく使います．ここで，線状の電荷なら V は長さで ρ は**線電荷密度** [C/m]，面状の電荷なら V は面積で ρ は**面電荷密度** [C/m^2]，立体形状の電荷なら V は体積で ρ は**体積電荷密度** [C/m^3] になります．単に電荷密度といえば体積電荷密度です．電荷密度は電荷の詰まり具合を示しています．

電荷密度が与えられれば，次に電荷全体を細かく分割します．分割してできた微小区画を一つ取り出し，その位置ベクトルを $\boldsymbol{r}'$，体積を dV とすると，その微小区画に含まれている電荷は $dQ = \rho(\boldsymbol{r}')dV$ ですから，この区画が位置ベクトル $\boldsymbol{r}$ の点に作る電界ベクトルは式 (1.19) より，

$$d\boldsymbol{E}(\boldsymbol{r}) = \frac{(\boldsymbol{r}-\boldsymbol{r}')dQ}{4\pi\varepsilon_0|\boldsymbol{r}-\boldsymbol{r}'|^3} = \frac{(\boldsymbol{r}-\boldsymbol{r}')\rho(\boldsymbol{r}')}{4\pi\varepsilon_0|\boldsymbol{r}-\boldsymbol{r}'|^3}dV \tag{1.30}$$

となります．最後に，分割した各微小区画が点 $\boldsymbol{r}$ に作る電界ベクトル $d\boldsymbol{E}(\boldsymbol{r})$ を合計すれば，電荷全体が点 $\boldsymbol{r}$ に作る電界ベクトルになります．数学的にはこれを次式のように積分で表します[13]．

$$\boldsymbol{E}(\boldsymbol{r}) = \int \frac{(\boldsymbol{r}-\boldsymbol{r}')\rho(\boldsymbol{r}')}{4\pi\varepsilon_0|\boldsymbol{r}-\boldsymbol{r}'|^3}dV \tag{1.31}$$

電荷密度を使った電界計算の一例として，**面電荷**が作る電界を計算します．図 1.15 のような無限に広い面に電荷が一様に詰まっているとします．無限に広いと電荷量も無限になってしまうので，実際には十分広い有限の面積 S [m^2] に電荷 Q [C] が入っているとします．

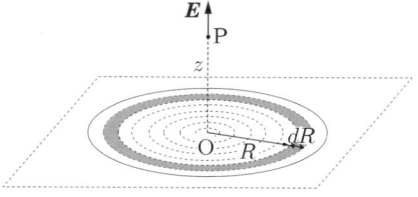

図 1.15 平面電荷による電界計算

[13) 一般的に，電荷密度は場所によって異なります．このため，$\rho = Q/V$ のような単なる割り算で計算することはできませんが，区画を小さくすればその付近の密度はほぼ一定であると考えられるので，$\rho = dQ/dV$ が成り立ちます．一般的な密度の計算方法と，それによる積分に関しては付録 A を参照して下さい．

このとき，単位面積あたりの電荷量，面電荷密度は $\sigma = Q/S$ [C/m^2] となります．面から距離 z [m] 離れた点 P の電界を計算しましょう．ここで，$z > 0$ とします．点 P から面に垂線を降ろした点を O とし，O から幅 dR [m] ずつ同心円を描きます．幅 dR が小さければ，半径 R の円と半径 $R + dR$ の円で囲まれたリングが作る電界の強さは，先に計算したリング電荷の公式 (式 (1.28)) が使えます．ただし，式 (1.28) におけるリングに入っている電荷量 Q は，ここでは面電荷密度 σ に対してリングの面積がおよそ $2\pi R dR$ [m^2] なので，$\sigma 2\pi R dR$ [C] となります．よって，半径 R の円と半径 $R + dR$ の円で囲まれたリングが点 P に作る電界は

$$dE(z) = \frac{\sigma z 2\pi R dR}{4\pi\varepsilon_0 (R^2 + z^2)^{3/2}} \text{ [V/m]} \tag{1.32}$$

です．どんな半径 R のリングが作る電界も面に垂直なので，$dE(z)$ をすべてのリングについて合計すれば面電荷が作る電界になります．半径 R は下限が 0，上限が無限大なので合計は次式の積分になります．

$$E(z) = \int_0^\infty \frac{2\pi\sigma z R}{4\pi\varepsilon_0 (R^2 + z^2)^{3/2}} dR \tag{1.33}$$

定積分を計算すれば，

$$E(z) = \left[-\frac{\sigma z}{2\varepsilon_0 (R^2 + z^2)^{1/2}}\right]_0^\infty = \frac{\sigma}{2\varepsilon_0} \text{ [V/m]} \tag{1.34}$$

です．面が非常に広いときには電界強度は面からの距離 z に依存せず，一定になることがわかります．

例題 1.7 ◆ 図 1.16 のように，x–y 平面上の点 O(0,0) に $Q_O = -2$ μC，点 A(6,0) に $Q_A = +2$ μC の点電荷がおかれている．これらの点電荷が，点 B(3, 3$\sqrt{3}$) に作る電界の強さ E の x 成分 E_x と y 成分 E_y をそれぞれ計算せよ．ここで，長さの単位は m とする．

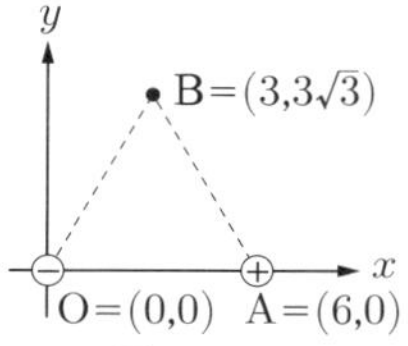

図 1.16

解答 ● 三角形 OAB は正三角形となる．Q_O が点 B に作る電界は

$$E_O = \frac{Q_O}{4\pi\varepsilon_0 r^2} = 9 \times 10^9 \times \frac{2 \times 10^{-6}}{6^2} = 500 \text{ V/m}$$

同様に，Q_A が点 B に作る電界は

$$E_A = \frac{Q_A}{4\pi\varepsilon_0 r^2} = 9 \times 10^9 \times \frac{2 \times 10^{-6}}{6^2} = 500 \text{ V/m}$$

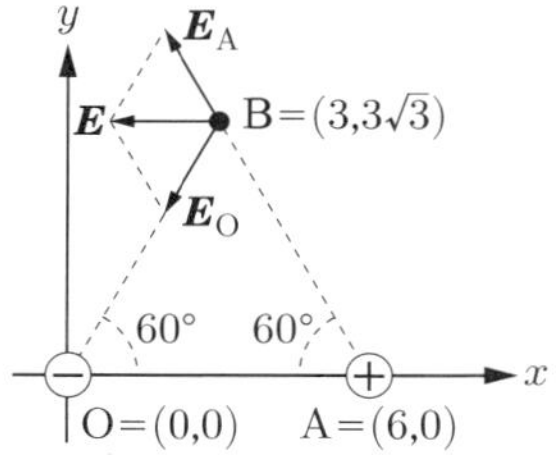

図 1.17

点 B での電界はこれらの重ね合わせなので，
$$E_x = -E_{\mathrm{O}} \cdot \cos 60° - E_{\mathrm{A}} \cdot \cos 60° = -2 \times 500 \times \frac{1}{2} = -500 \text{ V/m}$$
$$E_y = -E_{\mathrm{O}} \cdot \sin 60° + E_{\mathrm{A}} \cdot \sin 60° = 0 \text{ V/m}$$

したがって，電界ベクトル $\boldsymbol{E}$ は x 軸と平行で $-x$ の方向．

あるいは，式 (1.19) を使って
$$\boldsymbol{E}_{\mathrm{O}} = \frac{Q_{\mathrm{O}}(\boldsymbol{r}_{\mathrm{B}} - \boldsymbol{r}_{\mathrm{O}})}{4\pi\varepsilon_0 r^3} = 9 \times 10^9 \times \frac{-2 \times 10^{-6}(3, 3\sqrt{3})}{6^3} = (-250, -250\sqrt{3}) \text{ V/m}$$
$$\boldsymbol{E}_{\mathrm{A}} = \frac{Q_{\mathrm{A}}(\boldsymbol{r}_{\mathrm{B}} - \boldsymbol{r}_{\mathrm{A}})}{4\pi\varepsilon_0 r^3} = 9 \times 10^9 \times \frac{2 \times 10^{-6} \times (-3, 3\sqrt{3})}{6^3} = (-250, 250\sqrt{3}) \text{ V/m}$$

以上より，合成の電界ベクトルは，
$$\boldsymbol{E} = \boldsymbol{E}_{\mathrm{O}} + \boldsymbol{E}_{\mathrm{A}} = (-500, 0) \text{ V/m}$$

よって，$E_x = -500$ V/m, $E_y = 0$ V/m.

1.8 電気力線と電界のガウスの法則

これまで話の中心は電荷でした．電荷は電界から力を受け，また同時に電界を作ります．しかし，電気の主役はあくまでも電界です．これをもう少し明確にしましょう．

図 1.9 に示したように，電界とは空間のどの点にもベクトルが存在してる状態です．空間点は連続に存在しているので，電界ベクトルも連続に存在します．電界ベクトルが連続であることは，近い点にある電界ベクトルは大きさも方向も近いことを意味しています．

そこで，電界の連続性を表す手法として**電気力線**という図形が考え出されました．図 1.18(a) のように，ある点の電界ベクトルからスタートし，その方向に少し進みます．次にその点の電界ベクトルを調べて，再びその方向に少し進んで，次の電界ベクトルを調べる…というように，電界の進む方向に沿って次々に点を結んで描いた曲線が電気力線です．電気力線上の電界ベクトルは，つねに電気力線の接線方向になります．このとき，単なる曲線だと方向がわからないので，図 (b) のように電界方向に矢

(a) 電界ベクトル　　　　　　(b) 電気力線

図 **1.18** 電界ベクトルから電気力線へ

印を描きます．まとめると，電気力線とは次の (1), (2) の性質をもった曲線です．
(1) 電気力線上の各点における電界ベクトルは電気力線に接している
(2) その電界ベクトルは電気力線の矢印の方向を向いている

たとえば，点電荷が作り出す電界を電気力線で表すと図 1.19 のようになります．図 1.19(a) は正電荷，図 (b) は負電荷です．正電荷と負電荷で電気力線の方向が違うことがわかります．また，正負の電荷が 1 個ずつ存在するときは，図 1.20 のようになります．電気力線を使って電界の様子を描けば，電界ベクトルをばらばらに描くよりも連続性がみえます．電界は電気力線で満たされていると考えてもいいでしょう．

点電荷付近の電気力線をよくみてみましょう．すべての電気力線が点電荷につながっています．点電荷以外の点で途切れる電気力線はありません．そこで，電気力線には次の (3) の性質が加わります．
(3) 正電荷は電気力線の出口であり，負電荷は電気力線の入り口である

この "電荷は電気力線の出入り口である" という結果は，電気力線が単に電界を理解するための道具ではなく，物理的性質をもった実体であることを示唆しています．

1 個の正の点電荷周りの電気力線を使ってこの性質を考えてみましょう．電気力線が中心にある点電荷からしか出ないということは，図 1.21 のように，点電荷を中心とする半径 r_1 の球 S_1 を貫く電気力線の数と，半径 r_2 の球 S_2 を貫く電気力線の数が等しいことを意味します．点電荷の場合は電気力線の出口が点ですから，どんな半径 r

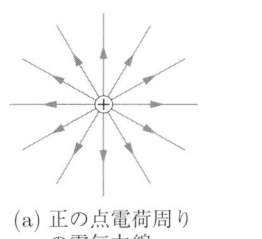

(a) 正の点電荷周り
の電気力線

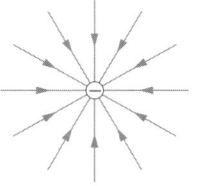

(b) 負の点電荷周り
の電気力線

図 1.19　点電荷周りの電気力線

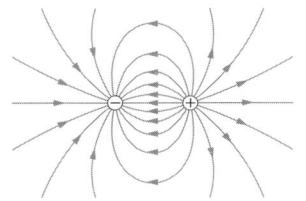

図 1.20　2 個の点電荷周りの電気力線

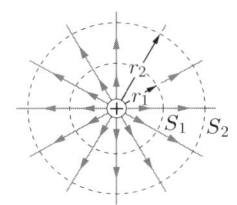

図 1.21　電気力線数の保存

の球でもそれを貫く電気力線の数は等しくなります．

さて，点電荷 Q [C] の周りにできる電界の強さは，点電荷からの距離を r [m] として，

$$E = \frac{Q}{4\pi\varepsilon_0 r^2} \ [\text{V/m}] \tag{1.35}$$

でした．この右辺の分母にある $4\pi r^2$ は，半径 r の球の表面積です．この結果，電界の強さ E と球の表面積 $S = 4\pi r^2$ の積は半径によらず一定になります．

$$ES = 4\pi r^2 E = \frac{Q}{\varepsilon_0} \tag{1.36}$$

この式の右辺 Q/ε_0 は点電荷の電荷量だけで決まるので，左辺は電気力線の本数に関する物理量を表していると考えられます．すなわち，電気力線にはこれまでの三つの性質のほかに次の (4), (5) の性質が加わります．

(4) 電荷量 Q [C] の正電荷は電気力線を Q/ε_0 本出す（負電荷は入れる）

(5) "電界の強さ × 電気力線が垂直に貫く面の面積" は電気力線の数に等しい

性質 (4) は，

(4)′ 電気力線は 1 C の正電荷から $1/\varepsilon_0$ 本出てきて，-1 C の負電荷に $1/\varepsilon_0$ 本入る

ともいえます．

電界の強さは単位面積 ($1\ \text{m}^2$) を貫く電気力線の本数，すなわち**電気力線の面密度**に等しいのです．図 1.22 のように，N 本の電気力線が S [m^2] の面を垂直に貫いているとき，面の付近の電界の強さは

$$E = \frac{N}{S} \ [\text{V/m}] \tag{1.37}$$

となります．電気力線は電界の方向も表しているので，電気力線を複数描くことで電界ベクトルの "強さと方向" をすべて表すことができます．電気力線が詰まっているところは電界が強く，電気力線がまばらなところは電界が弱いのです．図 1.20 の正負 2 個の点電荷による電界では，点電荷付近の電界は強く，2 個の電荷の中間地点の電界は弱いことがわかります．

図 1.23 の実線の四角形のように，電気力線が面を垂直に貫いていない場合には，電

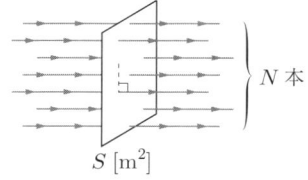

図 1.22 面を垂直に通過する電気力線

気力線の方向からみた面積，図の破線の四角形の面積に換算して面密度を計算します．図のように，四角形が電気力線に垂直な方向から角度 θ 傾いているときには，換算した面積が $S\cos\theta$ になるので，

$$E = \frac{N}{S\cos\theta} \ [\text{V/m}] \tag{1.38}$$

となります．点電荷からは放射状に電気力線が出ていくので，点電荷を中心とする球面は，つねに電気力線と垂直に交わります．このため $\theta = 0$ となり，式 (1.37) を使って電界強度が計算できます．

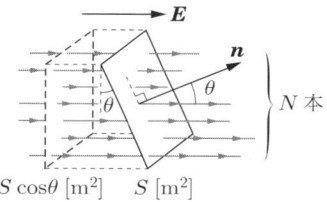

図 1.23　面と電気力線が垂直でないときの計算

電気力線が電界の性質である強さと方向を表し，電荷とは電気力線の入り口または出口にすぎない，と考えることは，これまで主役だった電荷は脇役になり，電界が主役になったことを意味します．電界とは電気力線が張り巡らされた空間であり，電気現象はこの電気力線の状態で決まります．空間は単なる物質の入れ物ではないのです．

この，電気力線の性質 (3)，(4) を一般化すれば，空間内に有限な大きさの領域を考えたときに，この領域の表面から出ていく電気力線の数 N_+ と領域に入り込む電気力線の数 N_- の差は，この有限な領域内にある全電荷量 Q [C] の $1/\varepsilon_0$ 倍に等しい，と表現できます．

$$N_+ - N_- = \frac{Q}{\varepsilon_0} \tag{1.39}$$

さらに領域内に入っていく電気力線を，図 1.24 のように -1 本の電気力線が出ていくと勘定すれば，出ていく電気力線の総本数を N として，

$$N = \frac{Q}{\varepsilon_0} \tag{1.40}$$

という単純な法則になります．言葉で表せば，

有限な大きさの空間領域の表面から出ていく電気力線の数は
その領域内に存在する全電荷量の $1/\varepsilon_0$ 倍に等しい

となります．これを**電界のガウスの法則**といいます．電界のクーロンの法則は，ガウ

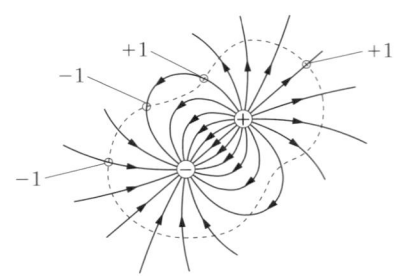

図 1.24　電界のガウスの法則

スの法則から導出されるので，ガウスの法則は，クーロンの法則よりも基本的な法則だといえます．

さて，ここまで電気力線を貫く面上では電界が一定であると仮定して話を進めてきましたが，一般的には，場所によって大きさも方向も変化します．また，電気力線を貫く面も，平面や球面だけではなく任意の曲面で考える必要があります．そこで，電気力線数と電界ベクトルの関係を数学的に定式化しましょう．

式 (1.38) を変形すると

$$N = ES\cos\theta \tag{1.41}$$

となります．ここで，E は電界ベクトル $\boldsymbol{E}$ の大きさであり，θ は電界ベクトル $\boldsymbol{E}$ と面に垂直な方向との間の角度なので，$E\cos\theta$ は，面に垂直な方向の単位ベクトル $\boldsymbol{n}$ を使って次式のように内積で表すことができます[14]．

$$N = \boldsymbol{E} \cdot \boldsymbol{n} S \tag{1.42}$$

ベクトル $\boldsymbol{n}$ は，長さが 1 で面に垂直なことから**単位法線ベクトル**といいます．ここで，法線とは面に垂直な線のことです．ただし，任意の曲面を考えると，曲面の場所によって $\boldsymbol{E}$ も $\boldsymbol{n}$ も変化するので，式 (1.42) のような単なる面積との掛け算で電気力線を計算することはできません．一般的には**面積分**が必要になります．

たとえば，図 1.25 のような曲面を貫く電気力線を計算する場合，まず，図 1.25(b) のように曲面を細かく分割します．各細分割領域が十分小さければ，その内部では電界ベクトル $\boldsymbol{E}$ や単位法線ベクトル $\boldsymbol{n}$ が一定だと近似できるので，その細分化領域を貫く電気力線数は，$\boldsymbol{E} \cdot \boldsymbol{n} dS$ となります．ここで，dS は細分化領域の面積です．

この各細分割領域に関して別々に計算した $\boldsymbol{E} \cdot \boldsymbol{n} dS$ を，図 1.25(c) のように曲面全体で合計したのが面積分です．面積分は，次式のような積分形で表します．

---

[14] ベクトルの内積については付録 B を参照．

1.8 電気力線と電界のガウスの法則

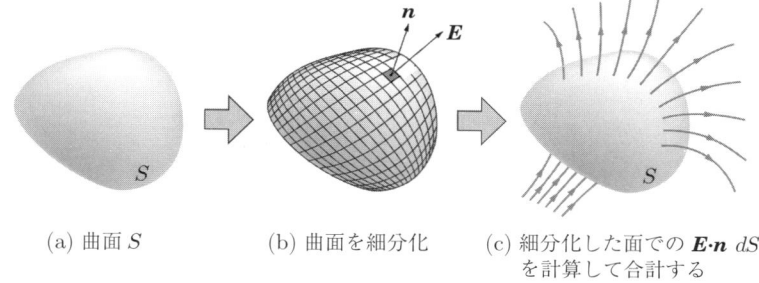

(a) 曲面 S　　(b) 曲面を細分化　　(c) 細分化した面での $\boldsymbol{E}\cdot\boldsymbol{n}\,dS$ を計算して合計する

図 1.25　面積分の概念

$$N = \int_S \boldsymbol{E} \cdot \boldsymbol{n} \, dS \tag{1.43}$$

ここで，積分記号についている S は面積分を計算する曲面の指定です．広がりのある面における面積分では，どこからどこまでという一次元の積分のような範囲指定ができないので，このように領域の名称を付加します[15]．

電界のガウスの法則に出てくる"有限な大きさの空間領域の表面"は，縁のない曲面で，数学的には閉曲面とよばれています．閉曲面上での面積分は次式のように記述します．

$$N = \oint \boldsymbol{E} \cdot \boldsymbol{n} \, dS \tag{1.44}$$

ここで積分記号に○が付いているのが"閉曲面で積分した"という意味です．なお，閉曲面の法線の取り方には外向きと内向きの 2 通りがありますが，ここでは外向きを選びます．

この閉曲面から出ていく電気力線数 N を使うと，電界のガウスの法則は

$$\oint \boldsymbol{E} \cdot \boldsymbol{n} \, dS = \frac{Q}{\varepsilon_0} \tag{1.45}$$

となります．この式は，電気力線の概念を必要とせず，電界の性質をダイレクトに表しています．積分の形で表しているため，**積分形の電界のガウスの法則**といいます[16]．

例題 1.8 ◆　これまでに出てきた電界の強さ E に関する公式は，$E=F/Q$，$E=V/d$，$E=(Q/\varepsilon_0)/S$ の三つで，電界の強さの 3 種類の定義に対応している．これらの公式中での電界の強さの次元を示し，電界の強さの定義を言葉で書け．

---

[15] 一般的な積分については付録 A を参照.
[16] 電磁気学の基礎方程式を**マクスウェル方程式**といいます．式 (1.45) はその一つです．マクスウェル方程式については第 6 章で詳しく説明します．

解答● 以下のとおり．
(1) $E = F/Q$ [N/C]．電界の強さとは単位電荷にはたらく力．
(2) $E = V/d$ [V/m]．電界の強さとは単位長さあたりの電位差．
(3) $E = (Q/\varepsilon_0)/S$ [本/m^2]．電界の強さとは単位面積を垂直に貫く電気力線の本数．

1.9 電気力線を使った電界計算

ガウスの法則は，電気力線を貫く面を考えなければならないので，強さや方向が場所によって変化する電界を計算するのにはそれほど便利ではありません．しかし，電荷の形状が単純で，電界の対称性が良い場合には，クーロンの法則の重ね合わせで計算するより簡単な場合があります．本節では，その中のいくつかを紹介します．

1.7 節で，電荷量 Q [C]，面積 S [m^2] の面電荷の周りにできる電界を計算しました．面電荷とは，広い平面に電荷が均一に与えられているものです．1.7 節では，まずリング電荷が作る電界を計算し，それを半径方向に積分して面電荷が作る電界を計算しましたが，ガウスの法則を使えば，以下のように簡単に求めることができます．

無限に広い正の面電荷からは電気力線が面から垂直に出るはずです．これは，面電荷を面の方向に平行移動しても，面を回転しても電気力線が同じ形にならねばならないからです．このため，図 1.26 のようにすべての電気力線は互いに平行に流れ出ていきます[17]．このことから，"面電荷が作る電界は面に垂直な向きをもち，場所によらず電界強度は一定である" という結論が得られます．

ただし，面には表裏があるので，電気力線も表と裏の両側に発生します．このため，面の表と裏では，電界の方向が 180° 違います．

電気力線は，1 C あたり $1/\varepsilon_0$ 本出るのですから，全部で Q/ε_0 本発生します．表裏

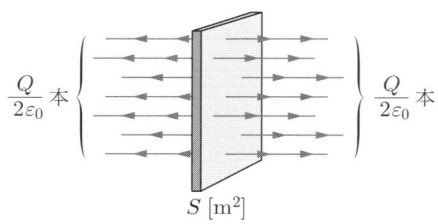

図 1.26 1 枚の正の面電荷から出る電気力線

---

17) 正確には面電荷の端では電気力線が広がるため，この仮定は成り立ちません．式 (1.34) は電荷面からあまり離れていない場所でのみ成り立ちます．

半分ずつ出るので，片側は $Q/2\varepsilon_0$ 本です．この電気力線は，平行に流れていくので，どこでも元の面電荷の面積と同じ $S\,[\mathrm{m}^2]$ の面を垂直に通過します．よって，式 (1.37) より，

$$E = \frac{Q/2\varepsilon_0}{S} = \frac{Q}{2\varepsilon_0 S}\,[\mathrm{V/m}] \tag{1.46}$$

となります．Q/S は面電荷密度 $\sigma\,[\mathrm{c/m}^2]$ ですから，この式は式 (1.34) と一致します．このように，面電荷の場合にはガウスの法則を使うと簡単に電界強度が計算できます．なお，電荷が正のときは面から外向きの電界ですが，負のときは電気力線の向きが逆なので面に向かう電界になります．

面電荷の応用で重要なのは，絶対値の等しい電荷量をもつ正の面電荷と負の面電荷が平行におかれた電荷，**平行平板電荷**です．一般に，正電荷や負電荷が単独で存在することは少ないですが，等量の正と負の電荷が分離した状態はいろいろな場面で出てきます．

平行平板電荷は，正の面電荷 $Q\,[\mathrm{C}]$ が作る電界と，負の面電荷 $-Q\,[\mathrm{C}]$ が作る電界の重ね合わせで計算できます．その結果，図 1.27 のように面電荷で区切られた三つの領域で異なる値をもちます．

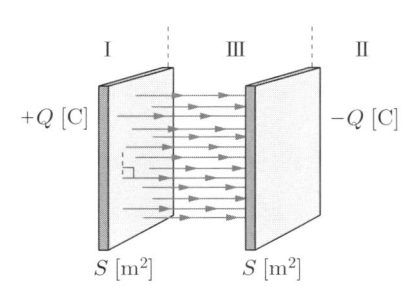

図 **1.27** 平行平板電荷による電気力線

まず，領域 I (正の面電荷の左側) での電界の強さは，

$$E = -\frac{Q}{2\varepsilon_0 S} + \frac{Q}{2\varepsilon_0 S} = 0 \tag{1.47}$$

となり，領域 II (負の面電荷の右側) での電界の強さは，

$$E = \frac{Q}{2\varepsilon_0 S} - \frac{Q}{2\varepsilon_0 S} = 0 \tag{1.48}$$

となります．すなわち，平行平板の外側の電界は 0 です．

これに対し，領域 III (正の面電荷と負の面電荷ではさまれた領域) での電界の強さは，

$$E = \frac{Q}{2\varepsilon_0 S} + \frac{Q}{2\varepsilon_0 S} = \frac{Q}{\varepsilon_0 S} \text{ [V/m]} \tag{1.49}$$

となります．この平行平板電荷内部の電界の公式 (式 (1.49)) は，4.2.4 項のコンデンサの静電容量計算など，さまざまな応用があります．

もう一例として，1本の細い直線上に電荷を並べた**直線電荷**の周りの電界を計算しましょう．直線を軸とした回転対称性から，電気力線は図 1.28 のように直線から垂直に出ていき，直線の端からみれば放射状に出ていくと考えられます．よって，直線電荷を中心とした半径 R [m] で長さ l [m] の円筒で囲むと，半径 R によらず通過する電気力線の数は一定になります．この円筒の側面積は $2\pi R l$ [m^2] なので，長さ l の直線に入っている電荷を Q [C] とすると，直線電荷から距離 R [m] の点での電界の強さは

$$E = \frac{Q}{2\pi\varepsilon_0 l R} \text{ [V/m]} \tag{1.50}$$

となります．

この公式は導線周りの電界を計算するのに応用することができます．

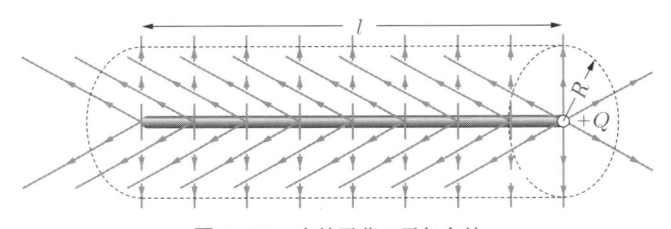

図 1.28　直線電荷の電気力線

例題 1.9 ◆　$+Q = 6$ μC と $-Q = -6$ μC の電荷をもつ面積 $S = 3$ cm^2 の平行平板電荷があるとき，電荷板間の電界 E を計算せよ．

解答●　$1/4\pi\varepsilon_0 \fallingdotseq 9\times 10^9$ より，$1/\varepsilon_0 \fallingdotseq 4\times 3.14\times 9\times 10^9$．式 (1.49) でこれを用いれば，

$$E = \frac{Q}{\varepsilon_0 S} = 4\times 3.14\times 9\times 10^9 \times \frac{6\times 10^{-6}}{3\times 10^{-4}} = 2.26\times 10^9 \text{ V/m}$$

1.10　電界から電位を計算する方法

1.4 節で述べたように，電界中におかれた電荷は位置エネルギーをもち，その位置エネルギーを生じさせる状態量として電位が定義されます．電位はエネルギーと直結する量なので，これを用いて電位差 (電圧) を計算すれば電界から取り出せるエネルギー

1.10 電界から電位を計算する方法

を計算することができます．本節では，電界と電位の関係を復習しながら，一般的な電位の計算方法を説明します．

電位は空間の各点で定義されていて，電位 V [V] の点に電荷量 Q [C] の点電荷をおくと，$U=QV$ [J] の位置エネルギーを与えます．たとえば，図 1.29 のように電界が x 方向に変化する場合には，電位 V と位置エネルギー U が x の関数になって，

$$U(x) = QV(x) \tag{1.51}$$

となります．電位 V_A の点 $\mathrm{A}(x=a)$ から電位 V_B の点 $\mathrm{B}(x=b)$ へ点電荷 Q を移動させると，

$$W = Q(V_\mathrm{A} - V_\mathrm{B}) = Q(V(a) - V(b)) \tag{1.52}$$

の仕事をします．この仕事 W [J] は，電界が電荷にする仕事です．$W < 0$ のとき，すなわち点 A のほうが位置エネルギーが低い場合には，電荷のほうが仕事をします．電位差 V_AB [V] は，電荷 1 C あたりの仕事に相当します．

$$V_\mathrm{AB} = \frac{W}{Q} = V_\mathrm{A} - V_\mathrm{B} = V(a) - V(b) \tag{1.53}$$

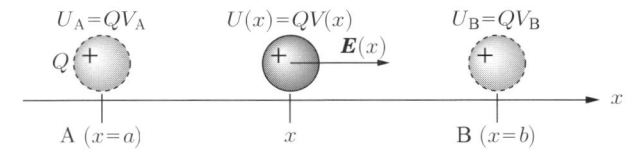

図 1.29 変化する電界中での仕事

さて，x 方向の電界強度を $E(x)$ [V/m] とすれば，仕事 W は電界が点電荷に与える力 $F(x)=QE(x)$ [N] がするものなので，力と仕事の関係式 (1.3) により

$$W = Q \int_a^b E(x)\,dx \tag{1.54}$$

となります．この結果，電界の強さと電位差の関係は，

$$V_\mathrm{AB} = \int_a^b E(x)\,dx \tag{1.55}$$

となります．ある点 $\mathrm{X}(座標\ x)$ の電位 $V(x)$ [V] は，その点から電位の基準となる点（電位が 0 の点）までの電位差に等しいので，基準となる点を $\mathrm{P}(座標\ p)$ とすれば，次式で与えられます．

$$V(x) = V_\mathrm{XP} = \int_x^p E(x)\,dx = -\int_p^x E(x)\,dx \tag{1.56}$$

これは，AB 間の電位差を計算して，

$$V_{AB} = V(a) - V(b) = \left(-\int_p^a E(x)\,dx\right) - \left(-\int_p^b E(x)\,dx\right) = \int_a^b E(x)\,dx \tag{1.57}$$

となることで確かめることができます．

逆に，$V(x)$ の関数形がわかっている場合には，式 (1.56) の両辺を x で微分した次式を使って電界強度 $E(x)$ [V/m] を計算することができます．

$$E(x) = -\frac{d}{dx}V(x) \tag{1.58}$$

式 (1.56) を使って，電界から電位を計算してみましょう．もっとも単純な一様電界 E [V/m] の場合には，基準点を点 B($x=b$) にとれば

$$V(x) = -\int_b^x E\,dx = -E \cdot (x - b) \tag{1.59}$$

となります．よって，点 A の電位 V_A [V] は

$$V_A = V(a) = E \cdot (b - a) \tag{1.60}$$

となります．

電荷板の面積が S [m^2] で，電荷板間の距離が d [m] の平行平板電荷内部の一様電界の場合には，電荷板間の電位差は，

$$V = \frac{Q}{\varepsilon_0 S}d \text{ [V]} \tag{1.61}$$

となります．ここで，平行平板間の電界公式 (式 (1.49)) と $b - a = d$ を使いました．

次に，1 個の点電荷 Q [C] の周りの電位を計算します．この場合には，点電荷 Q と電位の点を結んだ直線方向に x 軸をとります．すると，その方向の電界成分は，電界の強さそのものなので，

$$E(x) = \frac{Q}{4\pi\varepsilon_0 x^2} \text{ [V/m]} \tag{1.62}$$

です．そこで，点電荷から基準点までの距離を r_0 [m] とすれば，点電荷から距離 r [m] 離れた点の電位は

$$V(r) = -\int_{r_0}^r E(x)dx = \left[\frac{Q}{4\pi\varepsilon_0 x}\right]_{r_0}^r = \frac{Q}{4\pi\varepsilon_0 r} - \frac{Q}{4\pi\varepsilon_0 r_0} \text{ [V]} \tag{1.63}$$

となります．基準点 r_0 を無限遠 ($r_0 = \infty$) にとれば，

$$V(r) = \frac{Q}{4\pi\varepsilon_0 r} \text{ [V]} \tag{1.64}$$

1.10 電界から電位を計算する方法

のような簡単な公式になります．点電荷周りの電位は，基準についてとくに指定がなければ，式 (1.64) を使います．

電位も重ね合わせができます．図 1.30 のように，2 個の点電荷 Q_1 [C] と Q_2 [C] が存在して，空間のある点 P までの距離がそれぞれ r_1 [m]，r_2 [m] とすると，点 P の電位 V_P [V] は

$$V_P = \frac{Q_1}{4\pi\varepsilon_0 r_1} + \frac{Q_2}{4\pi\varepsilon_0 r_2} \tag{1.65}$$

となります．式 (1.65) は，図 1.30 のように点 P からみて 2 個の点電荷が同じ方向になくても使えます．

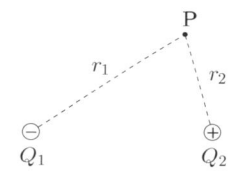

図 1.30　電位の重ね合わせ

以上は，電界の方向に電荷が移動した場合の電位や電位差の計算でした．しかし，空間は 3 次元であり，空間の 2 点間を移動するときの移動方向は電界に平行であるとは限りません．そこで，一般的に電位を計算する方法について説明しましょう．

力 F [N] と移動方向の角度が θ のとき，仕事 W [J] は式 (1.2) より

$$W = Fl\cos\theta \tag{1.66}$$

です．ここで，l [m] は点電荷の移動距離です．電界中の点電荷にかかる力は $F = QE$ であり，点 A と点 B の電位差 V_{AB} とは，1 C あたりの仕事ですから，

$$V_{AB} = \frac{Fl\cos\theta}{Q} = El\cos\theta \text{ [V]} \tag{1.67}$$

となります．これは電界ベクトル $\boldsymbol{E}$ と移動ベクトル $\boldsymbol{l}$ の内積で表すことができます．

$$V_{AB} = \boldsymbol{E} \cdot \boldsymbol{l} \tag{1.68}$$

ここで，$\boldsymbol{l}$ が移動ベクトルで，図 1.31 のように点 A を始点とし，点 B を終点とするベクトル $\overrightarrow{AB}$ のことです．

しかし，$\boldsymbol{E}$ が一様で移動経路が直線ならば式 (1.68) で計算できますが，一般に，電界は場所によって変化しますし，曲線をたどって移動することも考えられます．このように，場所に応じて変化しながら移動するときの電位差を計算するには，**線積分**が必要です．

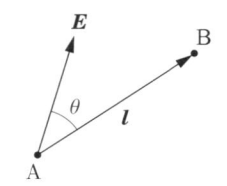

図 1.31　電界と角度 θ をなすときの電位差計算

たとえば，図 1.32 のような曲線 C をたどりながら点 A から点 B へ移動したときの電位差を計算するには，図 (b) のように，まずその曲線を細かいベクトルに分割します．細かく分割すると，曲線の一部であっても短い区間なので直線ベクトルで置き換えることができます．また，短い区間なので，電界もそれほど大きく変化せず，ほぼ一定だと考えることができます．そこで，この区間の電界ベクトルを $\boldsymbol{E}$，移動ベクトルを $d\boldsymbol{l}$ とすれば，この区間の電位差は $\boldsymbol{E} \cdot d\boldsymbol{l}$ となります．線積分とは，図 (c) のようにこの短い区間でそれぞれ計算した電位差を合計したもので，次式で表します．

$$V_{AB} = \int_{A(C)}^{B} \boldsymbol{E} \cdot d\boldsymbol{l} \tag{1.69}$$

ここで，(C) は点 A から点 B へ移動するときの経路 C を示しています．

(a) 曲線 C　　(b) 曲線を細分化　　(c) 細分化したベクトルでの $\boldsymbol{E} \cdot d\boldsymbol{l}$ を計算して合計する

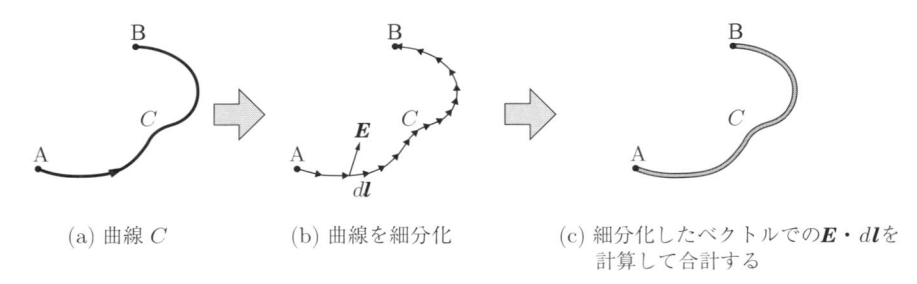

図 1.32　線積分の概念

さて，3 次元空間の中で 2 点 A，B を考えると無限の経路があります．たとえば，図 1.33 の中で，C_1 のような直線もあれば，C_2 のような曲線もあります．C_3 のようなジェットコースター的経路も可能です．

空間の各点で電位という 1 個の数値を定義するには，点 A から点 B までどのような経路をたどって仕事を計算しても同じ値になる必要があります．この条件は x 方向にのみ変化する 1 次元問題なら式 (1.56) のような積分だけなので問題ありませんが，3 次元の電界では，つねに保証されているとは限りません．

しかし，次節で述べるように，静止した電荷が作り出す静電界では，これが保証さ

1.10 電界から電位を計算する方法

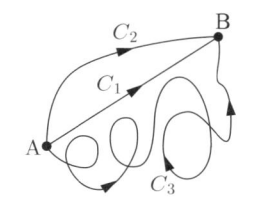

図 1.33 2点間を結ぶ経路

れています.すなわち,静電界では電位を定義することが可能です.仕事の計算が経路によらないので,電位を計算するときは,計算しやすい経路を使えばいいことになります.

たとえば,点電荷周りにある2点間の電位差を計算するとき,図1.34のように,点電荷から距離 r_A [m] の点 A と距離 r_B [m] の点 B が,点電荷からみて同じ方向にない場合には,まず点 A から半径方向に進んで点 B と同じ半径の点 B′ で向きを変え,半径 r_B の円に沿って点 B に移動する経路を使います.点 A と点 B′ の電位差 $V_{AB'}$ は,点電荷からみて同じ方向なので式 (1.55) を使って計算することができ,

$$V_{AB'} = \int_{r_A}^{r_B} E(x)dx = \frac{Q}{4\pi\varepsilon_0 r_A} - \frac{Q}{4\pi\varepsilon_0 r_B} \tag{1.70}$$

となります.これに対し,点 B′ から点 B への移動による電位差は 0 です.これは,円周方向と半径方向が垂直なため,移動方向と力の方向がつねに垂直になって,仕事が 0 になるからです.この結果,同じ方向にない 2 点 AB 間でも電位差は点電荷からそれぞれの電荷までの距離で決まる電位の差になります[18].

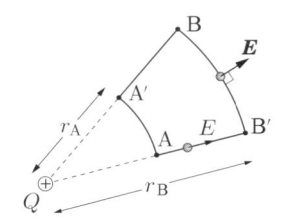

図 1.34 点電荷からの方向が異なる2点間の電位差

電荷が 2 個以上存在する場合も,各々の電荷による電位差の重ね合わせで全電位差を計算することができます.そこで,任意の電荷分布が作る電界中でも適当な基準点を定めれば,空間の各点 $P = (x, y, z)$ からその基準点までの電位差によって,点 P の電位 $V(x, y, z)$ を定義することができます.逆に,各点における電位の関数形がわかっ

---
[18] 経路を A → A′ → B とたどっても同じ電位差になります.確かめてみてください.

ていれば，式 (1.58) を拡張した以下の式で，電界ベクトルが計算できます．

$$\boldsymbol{E} = \left(-\frac{\partial V}{\partial x}, -\frac{\partial V}{\partial y}, -\frac{\partial V}{\partial z}\right) \tag{1.71}$$

この式は，勾配ベクトル

$$\mathrm{grad}\ V = \left(\frac{\partial V}{\partial x}, \frac{\partial V}{\partial y}, \frac{\partial V}{\partial z}\right) \tag{1.72}$$

を使って，

$$\boldsymbol{E} = -\mathrm{grad}\ V \tag{1.73}$$

とも書きます[19]．

例題 1.10 ◆ 電荷量 $Q = 3\ \mu\mathrm{C}$ の点電荷がある．この点電荷から $2\ \mathrm{m}$ 離れた点 A から $3\ \mathrm{m}$ 離れた点 B まで $q = 4\ \mu\mathrm{C}$ の点電荷を移動したとする．このときの電荷がする仕事 W を計算せよ．

解答● 式 (1.64) より，点 A の電位は $V_\mathrm{A} = Q/(4\pi\varepsilon_0 r_\mathrm{A}) = 9\times10^9\times3\times10^{-6}/2 = 13\,500$ V，点 B の電位は $V_\mathrm{B} = Q/(4\pi\varepsilon_0 r_\mathrm{B}) = 9\times10^9\times3\times10^{-6}/3 = 9000$ V となる．よって，4 μC の電荷がする仕事は，次式となる．

$$W = q(V_\mathrm{A} - V_\mathrm{B}) = 4\times10^{-6}\times(13\,500 - 9000) = 1.8\times10^{-2}\ \mathrm{J}$$

1.11 等電位面

平面の地図で高さを表す手法に，等高線があります．これは，同じ高さの地点を結んで地図上に描いた曲線のことです．これと同じ考えで，静電界中の同じ電位の点を結んだ曲面を**等電位面**といいます．線ではなく面になるのは，地図が 2 次元図形なのに対し，電位は 3 次元空間の各点に存在するからです．代表的な電界の等電位面の形状を図 1.35 に示します．

点電荷周りの電界では，式 (1.64) からわかるように点電荷からの距離 r が等しい点が等電位面です．よって，図 1.35(a) のように，等電位面は点電荷を中心とする "球面" になります．これに対し，平行平板内部の電位は式 (1.59) からわかるように，面に垂直な方向の座標 x には依存しますが，面に平行な方向には依存しません．よって，等電位面は図 (b) のように，平行平板に平行な平面になります．

---

[19] 偏微分や勾配ベクトルについては付録 A 参照．

1.11 等電位面

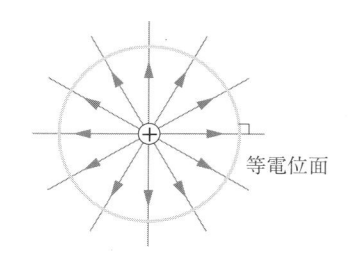

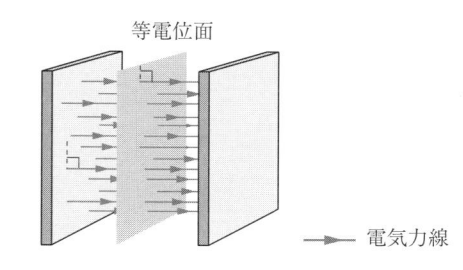

(a) 点電荷周りの等電位面 　　(b) 平行平板電荷内部の等電位面

図 1.35　代表的な等電位面

　図 1.35 の (a) と (b) には共通点があります．図に示したように，等電位面と電気力線が垂直に交わっていることです．点電荷の場合は，電気力線が放射状に出るので球面と直交します．また，平行平板の場合には，電気力線が電荷板から垂直に出ていくので，やはり等電位面と直交しています．これは偶然ではなくつねに成り立ちます．すなわち，
　(1) 等電位面と等電位面上の電界はつねに垂直である
　(2) 等電位面と電気力線はつねに垂直に交わる
となります．

　等電位面上の 2 点間の電位差は 0 ですから，等電位面上を電荷が移動しても仕事はしません．力とエネルギーの関係 $Fl\cos\theta$ において，力がかかっていても仕事が 0 になるには力と移動方向の角度 θ が 90° にならねばなりません．これが，等電位面と等電位面上の電界がつねに垂直になる理由です．電界の方向は電気力線の接線方向ですから，電気力線と等電位面は垂直に交わります．

　等高線はその地点の高さを表すだけではありません．ある一定高さごとの等高線を同時に描くことで，坂道が急であるか緩やかであるかがわかります．等高線の間隔が狭い場所は同じ水平距離に対して登る量が大きいので急であり，間隔が広い場所は登るのに長い距離が必要なので緩やかです．この性質は，等電位面ももっています．一定電位差ごとに等電位面を描くと，面の間隔が狭い点では電界が強く，間隔が広い点では電界が弱いのです．電界の強さは "電位差÷距離" ですから，同じ電位差のときには距離が短いほど電界が強いからです．

　図 1.36 に一例を示します．この図は 2 次元なので等電位面も曲線で表しています．図をみてわかるように，等電位面と電気力線はどこでも垂直に交わっています．また，等電位面の間隔が狭いところは電気力線も間隔が狭く，等電位面の間隔が広いところは電気力線の間隔も広くなっています．

電界小

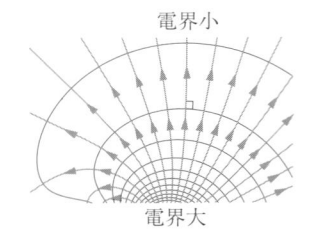

電界大　　　　　　　　→ 電気力線　　―― 等電位面

図 **1.36**　電気力線と等電位面の関係

このように，等電位面は電界の様子（強弱，方向），すべてを表すことができるため，電気力線のかわりに等電位面だけで電界の様子を表すことができます[20]．

さて，ある地点から山登りに出発し，山頂に到達してから別のルートを使って降りたとき，どんなルートで降りても元の地点に戻れば出発した地点との高低差は 0 です．これと同じことが電位についてもいえます．空間各点で電位が定義できるのですから，どんな経路をたどっても元の点に戻れば始点との電位差は 0 です．式 (1.69) でいえば，始点 A と終点 B が一致すれば，$V_{AB} = 0$ になるということです．これを，

$$\oint_{(C)} \boldsymbol{E} \cdot d\boldsymbol{l} = 0 \tag{1.74}$$

と書きます．積分の ◯ は閉じた曲線 C を一周して元の地点に戻るまで移動したときの線積分値という意味で，これを**周回積分**といいます[21]．1.10 節で，"静電界では経路によらず電位差が等しくなることは保証されている" と述べ，これを根拠に空間各点での電位が定義されました．空間各点の電位が与えられれば，結果として式 (1.74) のように周回積分が 0 になりますが，逆に，周回積分がつねに 0 であるという条件を最初に要求すれば，経路によらず電位差が等しくなることを示すことができます．

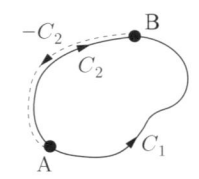

図 **1.37**　異なる経路での電位差

図 1.37 のように，点 A から点 B に移動する二つの経路 C_1 と C_2 を考えます．周回積分 0 の条件によれば，図のように経路 C_1 を通って点 A から点 B に移動し，その後，

---

[20] 前節で述べたように，電位が定義できるのは静電界だけです．よって，等電位面は静電界しか描けません．これに対し，電気力線は静電界でなくても描くことができます．
[21] 閉曲面上の面積分（式 (1.44)）と混同しないようにしましょう．

経路 C_2 を逆に通って ($-C_2$ を通って) 点 B から点 A に戻ると電位差は 0 です.

$$\int_{A(C_1)}^{B} \boldsymbol{E} \cdot d\boldsymbol{l} + \int_{B(-C_2)}^{A} \boldsymbol{E} \cdot d\boldsymbol{l} = 0 \tag{1.75}$$

左辺第 2 項を移項し，同じ経路を逆にたどって計算した線積分は符号が反転することを使えば[22]，

$$\int_{A(C_1)}^{B} \boldsymbol{E} \cdot d\boldsymbol{l} = -\int_{B(-C_2)}^{A} \boldsymbol{E} \cdot d\boldsymbol{l} = \int_{A(C_2)}^{B} \boldsymbol{E} \cdot d\boldsymbol{l} \tag{1.76}$$

となります．すなわち，C_2 を通って点 A から点 B へ移動した時の電位差は C_1 を通ったときの電位差に等しくなります．このことは，点 A から点 B に至る任意の経路についていえるので，結果的に点 A から点 B へどんな経路を通って移動しても計算した電位差は等しくなります．

以上のことから，どんな閉じた曲線 C を通っても電界の周回積分が 0 になるという条件 (式 (1.74)) は静電界が満足すべき法則であるといえます．これまで "静止した電荷が作る電界が静電界" と説明してきましたが，電界を主体にすれば "周回積分がつねに 0 になる電界が静電界" です．点電荷周りの電界を表す式 (1.19) は，ガウスの法則と周回積分 0 の法則を同時に満足する解として得られます[23]．任意形状の電荷は点電荷の集合と考えることができ，電界は重ね合わせることができるので，静止した電荷が作る電界はつねに周回積分が 0 になります．この結論として "静止した電荷が作る電界は静電界" といえるのです．

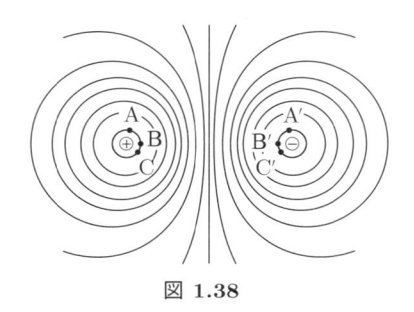

例題 1.11 ◆ 紙面に平行な x–y 平面上にプラスの電荷とマイナスの電荷がおかれている．電荷間の等電位面を x–y 平面で切ってできる等電位線は，図 1.38 のようになる．図中の A, B, C の 3 点から出て，A$'$, B$'$, C$'$ に入る 3 本の電気力線をそれぞれ図に描き入れよ．

図 1.38

---

[22] 付録 A 参照．
[23] 1.9 節ではガウスの法則だけを使って平面電荷や直線電荷の周りの電界を計算したので，周回積分 0 の法則は不要ではないかと思われるかもしれませんが，そうではありません．点電荷周りの電界計算も含めて，"電気力線は電荷から対称的に出ていくはずである" という仮定を使っていました．周回積分が 0 になる条件を課せば，この仮定は必要がなくなります．

解答● プラス電荷のところで電位は最大で，マイナス電荷のところで電位は最低となる．電気力線は，等電位線を垂直に横切りながらプラス電荷からマイナス電荷へ向かう．したがって，おおよそ図 1.39 のようになる．

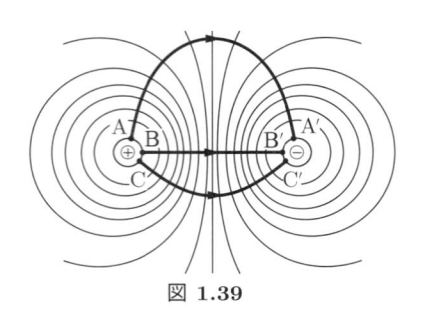

図 1.39

1.12 電界エネルギー

静電界中で点電荷 Q が移動して元の点に戻ってくると，電位差 $V_{AB}=0$ ですから，電界が与えた仕事の総量 $W=QV_{AB}$ も 0 です．このことは

静電界による仕事は蓄積したエネルギーの消費である

と表現することができます．上から物体を落とすと物体の運動エネルギーは増加しますが，これは蓄えられていた位置エネルギーを消費したからです．地面に落ちて止まったらそれで終わりで，元の位置に戻すには消費したエネルギーと同量の仕事を物体に与えて再び位置エネルギーを蓄える必要があります．静電界も同じで，電位の高い点におかれた正電荷を電位の低い点に移動させればエネルギーを取り出すことができますが，これは蓄えられていたエネルギーを電荷に与えたためです．電荷を元の位置に戻すには，何らかの方法で仕事を与えてエネルギーを再度蓄える必要があります[24]．では，どこにエネルギーが蓄えられているのでしょう．

電磁気学はこの問題に明確な答えを与えます．電荷は，電界という空間状態から力を受けるのですから，電荷に仕事をするのは電界です．よって答えは，

エネルギーは電界が蓄えている

です．この電界が保持しているエネルギーを**電界エネルギー**といいます．エネルギーは，電荷という物体ではなく，電界という空間状態が保持しています．

簡単のため，電荷板の電荷が Q [C] と $-Q$ [C] の平行平板電荷が作る電界を考えます．電荷板の面積は S [m^2]，電荷板間の距離は d [m] です．電荷板の電荷が 0 のとき

---

24) 電界には静電界とは別に磁界の変化によって生じる電磁誘導電界があり，こちらはエネルギーの変換によって仕事を発生させるのでエネルギーを与え続けて元の地点に戻すことも可能です．電磁誘導電界については 3.2 節で説明します．

は電界が存在しないので，電界エネルギーは 0 です．そこで，これを基準として電荷板に電荷を与えた状態を作り出すのに必要な仕事量を計算しましょう．

ここで，静電界における電位差の計算は経路によらないという性質を使います．経路によらないということは，2 枚の電荷板の電荷 Q [C] と $-Q$ [C] をどのように作っても仕事は変わりません．そこで，2 枚の電荷板に電荷がない状態からスタートして，図 1.40 のように負電荷板の電荷を少しずつ正電荷板に移動していき，最終的に Q [C] と $-Q$ [C] になるまでの仕事を計算します．最初は電界がないのですから電位差は 0 です．よって，電荷を移動するのに必要な仕事も 0 です．しかし，電荷板間の電位差は電荷板の電荷量に比例するので，電荷量が増えるのに比例して電位差が増加し，電荷を移動するのに必要な仕事も大きくなります．

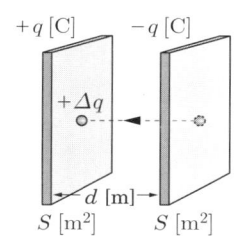

図 1.40 電荷の移動によるエネルギー計算

いま，電荷が q [C] と $-q$ [C] になるまで移動させたとし，そこからさらに微小な電荷 Δq [C] を移動させるとします．電荷 q のときの電荷板間の電位差 v [V] は，

$$v = \frac{qd}{\varepsilon_0 S} \tag{1.77}$$

ですから，Δq の電荷を移動するのに必要な仕事 ΔW [J] は

$$\Delta W = v \Delta q = \frac{qd}{\varepsilon_0 S} \Delta q \tag{1.78}$$

となります．

図 1.41(a) のように，横軸 q，縦軸 v のグラフを描くと，式 (1.77) は図 1.41(a) の直線になり，ΔW は図の斜線で示した長方形の面積になります．よって，q を 0 から Q まで増加させるときに必要な仕事 W [J] は，図 (b) のように 0 から Q まで並んだ長方形の面積の合計になります．Δq を 0 に近づければ，長方形の面積の合計は図 (b) の三角形 OPQ の面積に等しくなるので，$W = QV/2$ となります[25]．この仕事が平行平板電荷に蓄えられているエネルギー U_E [J] と考えられるので，

[25) この W の導出過程は積分計算にほかなりません．すなわち，一般的に電位差 v が電荷量 q の関数 $v(q)$ で表される場合には $W = \int_0^Q v(q)\,dq$ となります．付録 A を参照して下さい．

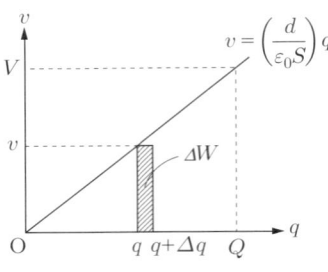

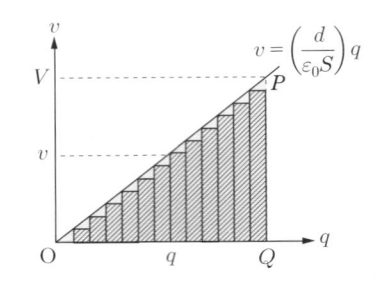

(a) 電荷 Δq の移動による仕事 (b) 電荷を0からQまで増加させる

図 1.41　電荷 – 電圧の図と仕事

$$U_E = \frac{QV}{2} = \frac{Q^2 d}{2\varepsilon_0 S} \tag{1.79}$$

となります．U_E を**静電エネルギー**といいます．

さて，この静電エネルギーはどこに蓄えられているのでしょう．"位置エネルギー"という表現は，物体のおかれた場所に応じてエネルギーがあることを示しているので，物体がもっているようなニュアンスがあります．このため，電界中におかれた電荷の場合には，電荷がもっているように思われますが，そうではありません．図 1.42 をみるとわかるように，平行平板電荷が 0 のときには，板の間には何もありませんが (図 (a))，電荷が存在する場合には，間に電気力線が存在します (図 (b))．エネルギーはここにあるのです．

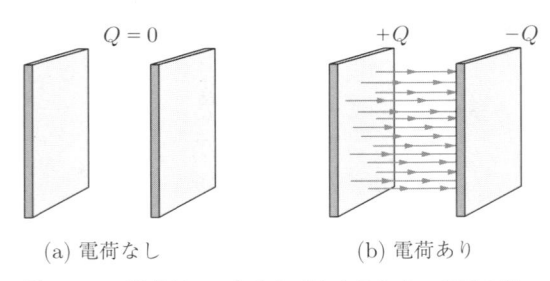

(a) 電荷なし　　(b) 電荷あり

図 1.42　電荷が 0 のときと存在するときの空間の違い

式 (1.79) を変形すると，

$$U_E = \frac{1}{2}\varepsilon_0 \left(\frac{Q}{\varepsilon_0 S}\right)^2 Sd \tag{1.80}$$

となりますが，右辺のかっこの中は式 (1.49) より平行平板内部の電界の強さ E に等しくなります．よって，

$$U_E = \frac{1}{2}\varepsilon_0 E^2 (Sd) \tag{1.81}$$

と書き換えることができます．ここで，Sd が電荷板にはさまれた空間の体積になることに注意してください．平行平板電荷の場合には，電界は電荷板間にのみ存在します．ということは，電界が存在する場所には単位体積あたり，

$$u_E = \frac{U_E}{Sd} = \frac{1}{2}\varepsilon_0 E^2 \tag{1.82}$$

のエネルギーがあることになります．u_E を **電界エネルギー密度** といいます．単位は J/m^3 です．一般的に，電界は場所によって変化しますが，この電界エネルギー密度 u_E の公式は，電界が変化する場合にも適用可能です．

例題 1.12 ◆ 電極面積 $S = 3 \text{ cm}^2$，電極間距離 $d = 2 \text{ cm}$ の平行平板電荷に電荷を与えたら電位差が $V = 10 \text{ V}$ になったとする．平行平板電荷の間に蓄えられた静電エネルギー U_E を計算せよ．

解答● 電極間に発生した電界強度は $E = V/d = 10/(2 \times 10^{-2}) = 5 \times 10^2 \text{ V/m}$．したがって，$U_E = \varepsilon_0 E^2 (Sd)/2 = 8.85 \times 10^{-12} \times (5 \times 10^2)^2 \times (3 \times 10^{-4} \times 2 \times 10^{-2})/2 = 6.64 \times 10^{-12} \text{ J}$

▶▶▷ **演習問題** ◁◀◀

1.1 図 1.43 のように，$Q = +6 \text{ μC}$ の点電荷が位置ベクトル $\boldsymbol{r}_0 = (-2, 4)$ の地点にある．この電荷が位置ベクトル $\boldsymbol{r} = (4, 6)$ の地点に作る電界ベクトル $\boldsymbol{E}$ を計算せよ．ただし，座標の単位は m である．

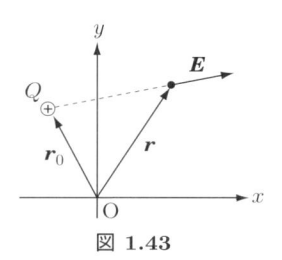

図 1.43

1.2 図 1.44 のように，x 軸上で原点 O から a [m] の間に電荷量 Q [C] の電荷が直線状に存在している．線電荷密度 $\rho = Q/a$ [C/m] は場所によらず一定とする．この直線電荷が，原点から r [m] 離れた x 軸上の点に作る電界の強さ E を求めよ．ただし，$r > a$ とする．

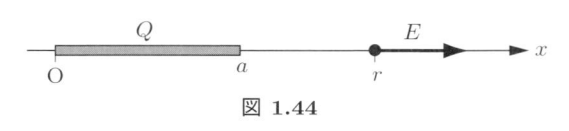

図 1.44

40　第1章　電界

1.3 点電荷 Q が原点におかれているとき，座標 $r=(x,y,z)$ における電位の公式から，$E=-\mathrm{grad}V$ を用いて電界のクーロンの法則 (式 (1.19)) が導かれることを示せ．

1.4 電荷が一様に入っている球を考える．球の半径は a [m]，球に含まれる電荷量は Q [C] である．このとき，球の中心から距離 r [m] の点の電界 $E(r)$ [V/m] を $r>a$ と $r<a$ の場合に分けて計算せよ．また，その結果から半径 r での電位 $V(r)$ [V] を計算せよ．

1.5 半径 a [m]，電荷量 Q [C] の球電荷がある．球の外部に生じた電界エネルギーの総量が $QV_a/2$ に等しいことを示せ．ここで，V_a [V] は球電荷表面の電位である．

1.6 Q [C] の点電荷と $-Q$ [C] の点電荷が距離 d [m] 離れておかれているものを電気双極子という．d が非常に短いときの電気双極子周りの電位を計算せよ．ここで，$-Q$ の点電荷は原点にあり，Q の点電荷は原点から x 方向に d ずれた位置にあるとする．

Wide Scope 1　電気力線の張力と圧力

電荷が 0 の状態と電荷が存在する状態の違いは，図 1.42 の (a) と (b) のように電荷板間に電気力線が存在することでした．このため，電界エネルギーは電気力線が蓄えているとも考えられます．そこで，電気力線 1 本のエネルギーを考えてみましょう．電気力線は，Q [C] の電荷から Q/ε_0 本出るのですから，1 本あたり，

$$\frac{U_E}{Q/\varepsilon_0}=\frac{Qd}{2S}=\frac{1}{2}\varepsilon_0 Ed \tag{1.83}$$

のエネルギーを蓄えていることになります．d は電気力線の長さですから，1 m あたり $\varepsilon_0 E/2$ のエネルギーとなります．電気力線 1 本のエネルギーは，電気力線の長さに比例し，電界の強さ E に比例します．エネルギーが電気力線の長さに比例するということは，ゴムひものように伸ばすときに力が必要であることを意味します．つまり，電気力線は線の方向に**張力**を加えます．

これに対し，電界の強さ E は単位面積あたりの電気力線の本数ですから，同じ面積でも電気力線をたくさん詰め込んだほうがエネルギーが上がります．これは，同じ向きの電気力線の間には反発力がはたらいて，近づけるのに力が必要であることを意味します．つまり，電気力線は線に垂直な方向に**圧力**を加えます．

まとめると，
(1) 電気力線は線の方向に張力 (引っ張る力) を加える
(2) 電気力線は線に垂直な方向に圧力 (押し広げる力) を加える

となります．電気力線は，ゴムのように短くなろうとしながら，電気力線どうしは反発して離れようとするのです．

図 1.45 のような 2 個の点電荷の周りにできる電気力線の様子は，この性質で説明することができます．図 (a) のような正電荷と負電荷の場合には，正電荷から出た電気力線が負電荷に入りますが，その間の電気力線はふくらんでいます．これは電気力線が短くなろうとする

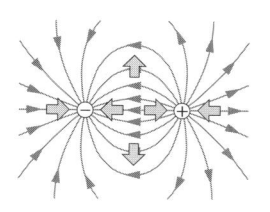

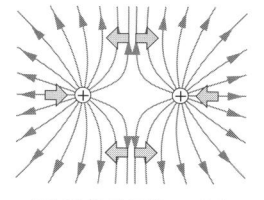

Wide Scope 1 電気力線の張力と圧力

(a) 異符号電荷の引っ張り (b) 同符号電荷の反発

図 1.45 電気力線に平行にかかる張力と垂直にかかる圧力

力と電気力線間の反発力がつり合ったところで，形が決まるためです．正電荷と負電荷の間にはたらく引力は，電気力線の張力が原因です．

これに対し，正電荷と正電荷の場合には両方とも電気力線を出すので，図 (b) のような形となり，電気力線の圧力だけが残ります．これが正電荷間の反発力になります．

電荷には，二つの性質 "電気力線を作り出すこと" と "電界から力を受けること" がありますが，後者はこのように電気力線の張力と圧力で説明することができます．この結果，電荷のもつ性質は前者の "電気力線を作り出すこと" だけということもできます．

第2章
電流と磁界

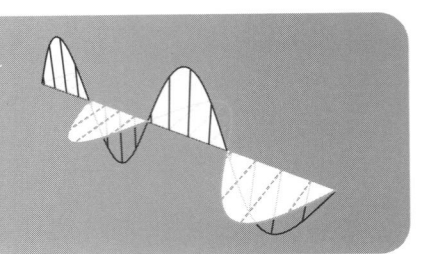

電池の話から出発して，電気に反応する電荷とそれに力を加える電界という空間状態へ話が進みました．電界が電荷に仕事を与えることができるのは，電界自体がエネルギーをもっているためであることも示しました．しかし，電磁気学という言葉には電気の"電"だけではなく，磁石の"磁"が入っています．電磁気現象には電気だけでは説明できない磁気があるからです．磁気は皆さんおなじみの磁石に関する現象ですが，電荷の流れである電流と密接に関係しています．本章では，磁気と電流との関わりについて説明します．

2.1 磁石と磁界

磁気は，古くから磁石（永久磁石）にはたらく力という形で知られ，かつ利用されてきました．磁石の重要な応用の一つは，方角を知る道具，羅針盤です．磁石には，N極とS極という互いに力をはたらかせる部所があり，これらを**磁極**といいます．2個の磁石があるとき，N極とN極やS極とS極は反発し，N極とS極は引き合います．磁石を糸でつるすと図2.1のようにN極が北を向くように回転しますが，これは地球

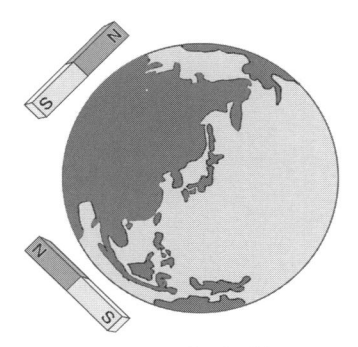

図 2.1 磁石と磁極

が巨大な磁石であり，北極がS極であることを意味しています[1]．

このように，磁石のN極とS極は，ちょうど電気の正電荷と負電荷のような力関係があり，実験によって電荷と同じクーロンの法則が成り立つこともわかっています．たとえば，2個の小さい磁極(点磁極)の強さを m_1, m_2 で表すと，それぞれの磁極にかかる力 F [N] は，

$$F = K \frac{m_1 m_2}{r^2} \tag{2.1}$$

となります．ここで，r [m] は2個の点磁極間の距離です．磁極の強さ m を**磁荷**といい，単位はWb(ウェーバ)です．$m > 0$ のときはN極で，$m < 0$ のときはS極を表すと定義すれば，電荷の場合と同様に，引力と反発力が一つの式で表現できます．真空中では $K = 1/4\pi\mu_0$ であり，この μ_0 を**真空の透磁率**といいます．$\mu_0 = 4\pi \times 10^{-7}$ H/m です[2]．この K を式 (2.1) に代入すると，真空中の点磁極間にはたらく力 F は

$$F = \frac{m_1 m_2}{4\pi\mu_0 r^2} \tag{2.2}$$

となります．$1/4\pi\mu_0$ は，約 6.33×10^4 m/H です．

この磁極の法則を，電荷のクーロンの法則 (式 (1.21)) と比べると，ほとんど同じ形であることがわかります．式 (1.21) において，電荷 Q を磁荷 m に，ε_0 を μ_0 に置き換えれば，式 (2.2) と完全に一致します．

電荷間の力と同様にクーロンの法則が成り立つことから，磁極に力を加える空間状態として**磁界**が考えられました[3]．磁界に点磁極をおくと，その磁荷 m [Wb] に比例した力 F [N] がはたらき，

$$F = mH \tag{2.3}$$

となります．この比例係数 H を**磁界の強さ**といいます．H の単位は N/Wb ですが，これは 2.3 節で説明する電流の単位 A (アンペア) を，長さの単位 m で割った A/m に等しくなります．式 (2.2) と式 (2.3) から，真空中におかれた点磁極 m [Wb] が r [m] 離れた点に作る磁界の強さは，

$$H = \frac{m}{4\pi\mu_0 r^2} \text{ [A/m]} \tag{2.4}$$

であることがわかります．

---

[1] 北 (North) を向くのがN極で，南 (South) を向くのがS極です．ただし，地質学の研究によると，将来は地球のN極とS極が逆転する可能性もあるそうですから方角で覚えないほうがよいかもしれませんね．

[2] H (ヘンリー) は 3.4 節で説明するインダクタンスの単位です．μ_0 は円周率 π を使って与えられていることからわかるように，実験で求められた数値ではありません．2.8 節で述べますが，μ_0 は電流の単位 A (アンペア) の定義に合わせて決められています．

[3] 物理学では磁場といいます．

正確には電界と同じように磁界も方向をもったベクトル $\boldsymbol{H}$ で，点磁極 m にかかる力のベクトル $\boldsymbol{F}$ に対して $\boldsymbol{F}=m\boldsymbol{H}$ と定義されています．

電界ベクトルをつないで描いた電気力線と同様に，磁界ベクトルをつないだ曲線が考えられ，これを**磁力線**といいます．磁力線はN極から出てS極に入り，その本数は磁極の磁荷に比例します．また，磁力線は磁極以外の場所で切れることはありません．

さらに，点磁極間の力に対してクーロンの法則が成り立つことは，電気力線に関する法則が磁力線にも当てはまることを示しています．N 本の電気力線が面積 S [m^2] の面を垂直に貫くときの電界の強さは $E=N/S$ で，Q [C] の電荷は Q/ε_0 本の電気力線を出すと定義すれば，電界のクーロンの法則を説明することができました．ということは，m [Wb] の磁極は m/μ_0 本の磁力線を出し，磁界の強さ H は面積 S [m^2] を垂直に貫く磁力線数 N_m を使って

$$H = \frac{N_m}{S} \tag{2.5}$$

と計算できることになります．こう考えていくと，世の中には電気と磁気というよく似た性質をもった2種類の作用が独立に存在しているようにみえます．しかしそうではありません．磁極には電荷と比べて決定的な違いが存在します．次節でそれを説明しましょう．

例題 2.1 ◆ 8 μWb の点磁極から 2 cm 離れた位置の磁界の強さ H を計算せよ．

解答● $H = \dfrac{m}{4\pi\mu_0 r^2} = 6.33 \times 10^4 \times \dfrac{8 \times 10^{-6}}{0.02^2} = 1.27 \times 10^3$ A/m

2.2　磁束と磁界のガウスの法則

磁極と電荷の決定的な違いとは，N極とS極を分離することができないことです．図 2.2(a) のように，m [Wb] のN極には必ず $-m$ [Wb] のS極がくっついています．N極だけ，あるいはS極だけの物質，**単極磁荷**は存在しません[4]．図 (a) の磁石を真ん中で切ると，図 (b) のように切り口に新たな m [Wb] のN極と $-m$ [Wb] のS極ができます．さらに切っても図 (c) のように再び新たなN極とS極ができます．どんなに細かく切っても，N極だけ，あるいはS極だけを取り出すことはできません．

磁石を切ると新しいN極とS極が現れるという状況を磁力線で考えれば図 2.3 のようになります．図 (b) のように，切断により現れた左の磁石のN極から出てきた磁力

---

[4] 物質の根源を支配する素粒子論では単極磁荷が存在する可能性が予言されていますが，実験的には確認されていません．

(a) $-m$ [Wb]　　m [Wb]

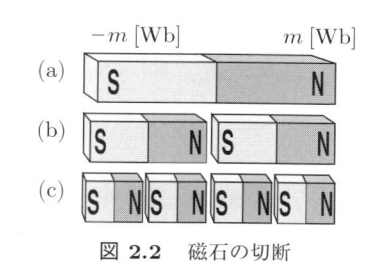

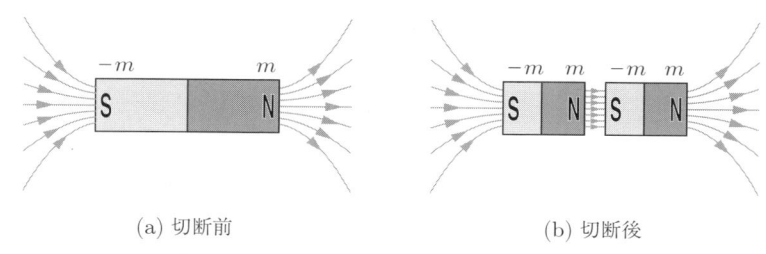

図 2.2　磁石の切断

(a) 切断前　　(b) 切断後

図 2.3　磁石切断前と切断後の磁力線の様子

線は右側の磁石の S 極にすべて入ります．このときの磁力線の数は，切断前の磁石の左から入った磁力線の数と同じです．磁石をいくら切ってもこの状況が変わらないのですから，元々磁石を切る前から磁力線はつながっていると考えるのが自然です．磁力線は，磁石の外では N 極から出て S 極に入りますが，磁石の内部ではそうではなく，S 極を通って N 極に向かっています．磁石とは，磁力線を束ねる物質だと考えられます．

このように，磁力線を発生させる N 極だけの物質や消滅させる S 極だけの物質が存在しないのですから，磁界の強さを式 (2.3) のように磁極の強さで定義することには問題があります．とくに，磁石内部での磁界や磁力線の様子を正しく表現することができません．そこで，図 2.4 のように，真空中でも物質中でも切れずにつながっている線として**磁束**を定義します．磁束は真空中では磁力線と同じ形状ですが，その量を示すときは磁力線の 1Wb 分，すなわち $1/\mu_0$ 本束ねたものを 1 とします．このため，磁束の単位も Wb です．磁束 Φ [Wb] は，真空中の磁力線 Φ/μ_0 本に相当します．

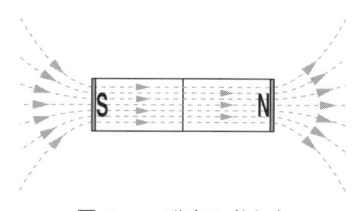

図 2.4　磁束の考え方

さらに，単位面積を貫く磁束で磁界状態の強さを表します．これを**磁束密度**といいます．Φ [Wb] の磁束が S [m^2] の面を垂直に貫いているとき，磁束密度は，

$$B = \frac{\Phi}{S} \tag{2.6}$$

となります．B の単位は Wb/m^2 ですが，これを T(テスラ) と書きます．磁束には方向があるので，一般的には磁束密度もベクトル $\boldsymbol{B}$ になります．

Φ [Wb] の磁束は Φ/μ_0 本の磁力線を束ねたものなので，式 (2.6) で与えられる磁束密度は真空中での磁界の強さ，

$$H = \frac{\Phi}{\mu_0 S} \text{ [A/m]} \tag{2.7}$$

に相当します．式 (2.6) と式 (2.7) を比べると

$$B = \mu_0 H \tag{2.8}$$

となります．これは真空中の磁界の強さ H と磁束密度 B の関係を表しています．真空中では方向も一致するので，ベクトルの関係式

$$\boldsymbol{B} = \mu_0 \boldsymbol{H} \tag{2.9}$$

が成り立ちます．

しかし，物質の内部では，式 (2.8) は必ずしも成り立ちません．磁束は物質の内部でも図 2.4 のようにつながっていて，単位面積あたりの磁束で磁束密度 B を定義することができますが，磁界の強さ H は磁極の強さを使った式 (2.3) や磁力線数を使った式 (2.5) とは別に定義されています．詳細は 5.1.4 項で説明します．

なお，式 (2.6) において磁束を貫く面が磁界に垂直な方向に対して角度 θ 傾いている場合には，磁束密度 B [T] は式 (1.38) と同様に，

$$B = \frac{\Phi}{S \cos \theta} \tag{2.10}$$

となります．

磁束がどんな場所でも切れないことを正確に表現すれば，"空間内に有限の大きさの領域を考えると，この領域の表面から出ていく磁束 Φ_+ と入ってくる磁束 Φ_- は等しい" となります．あるいは，領域に入ってくる磁束 1 Wb を -1 Wb が出ていくと数えれば，

有限な大きさの空間領域の表面から出ていく磁束の総量は 0 である

といえます．これを**磁界のガウスの法則**といいます．

式 (2.10) を変形して得られる

$$\Phi = BS\cos\theta \tag{2.11}$$

を式 (1.43) のように一般化すれば，任意の曲面 S を貫く磁束は次式のように磁束密度ベクトルの面積分で表すことができます．

$$\Phi = \int_S \boldsymbol{B} \cdot \boldsymbol{n}\, dS \tag{2.12}$$

ここで，$\boldsymbol{n}$ は曲面上の単位法線ベクトルです．よって，磁界のガウスの法則は次式のような閉曲面上の面積分で表すことができます．

$$\oint \boldsymbol{B} \cdot \boldsymbol{n}\, dS = 0 \tag{2.13}$$

これを**積分形の磁界のガウスの法則**といいます[5]．

磁束密度 B は磁界強度とよんでもよい状態量ですが，H に"磁界の強さ"という名称を与えてしまったため，電磁気学では区別しています．しかし，磁界の実体はどこでも切れることのない B であり，分離した磁極の存在を仮定した H ではありません．磁界と密接な関係にあるのは，電荷の流れ，すなわち電流です．

例題 2.2 ◆ 面積 $S = 5 \text{ cm}^2$ の平面を，$\Phi = 5 \times 10^{-4}$ Wb の磁束が面に垂直な方向に対して $\theta = 60°$ 傾いて貫いているとき，磁束密度 B [T] および磁界の強さ H [A/m] を計算せよ．

……………………………………………………………………………………………………

解答● $B = \dfrac{\Phi}{S\cos\theta} = \dfrac{5 \times 10^{-4}}{5 \times 10^{-4} \times 0.5} = 2 \text{ T}$

これより，$H = \dfrac{B}{\mu_0} = \dfrac{2}{4\pi \times 10^{-7}} = 1.59 \times 10^6$ A/m

---

2.3 導体と電流

電池は電界を作り出す器具です．電界に電荷をおけば力が加わり，力を受けた電荷が移動することで仕事をします．この仕事の 1 C あたりの量が電池の強さを示す値，電圧でした．しかし，電池を使って電気的な動作をさせるには電気回路を構成する必要があります．

たとえば，図 2.5(a) のように，豆電球から出ている 2 本の導線と電池が離れている状態では豆電球は光りません．豆電球を光らせるには，図 (b) のように 2 本の導線を電池の両側の電極に接続します．そうすれば，図 (b) のように電池の電極から電界で押し出された電荷が導線を通って流れ，豆電球を経由して電池の反対側の電極に到達

---

[5] これも積分形のマクスウェル方程式の一つです．

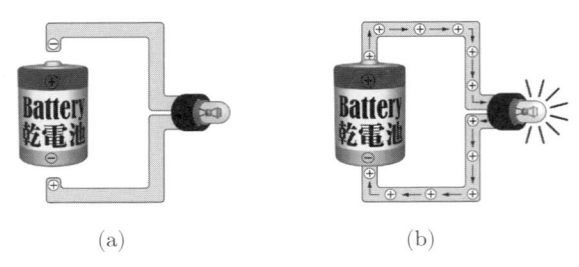

図 2.5　電流の流れ方

するループができます．このループが電気回路で，電荷の流れを**電流**といいます．電気回路を構成して連続的に電荷を循環させているからこそ電球は連続的に光るのです．

われわれの周りにある物質はすべて微小な電荷で作られていますが，内部を自由に動くことができる電荷を含んでいる物質と，そうでない物質があります[6]．前者は，電磁気学的には**導体**とよばれています．代表的な導体は金属です[7]．導線は導体を線状にしたもので，電荷の流れを利用するときに使います．

電流は，導線の断面を1秒間に通過する正電荷量で定義します．たとえば，図 2.6のように，導線のある断面を Q [C] の電荷が通過するのに t [s] かかったとすれば，

$$I = \frac{Q}{t} \tag{2.14}$$

が電流です．もし，流れているのが負電荷の場合には，電流の大きさの定義は同じですが，電流の向きは電荷の流れる方向と逆向きです．電流の単位は A (アンペア) です．

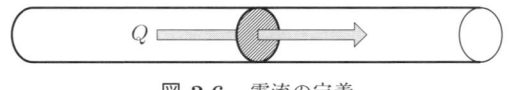

図 2.6　電流の定義

逆に，電流 I [A] が t [s] 流れたときには，

$$Q = It \tag{2.15}$$

の電荷が通過したことになります．式 (2.15) より，1 C = 1 A·s です．ただし，式 (2.14) や式 (2.15) は電流が時間的に一定の場合しか使えません．通過電荷量が時間 t [s] に

---

[6] 物質の内部構造の詳細は第4章で説明します．
[7] 一般に，内部を動き回ることのできる電荷が十分に存在する物質が導体です．金属中で動き回るのは負電荷をもつ電子だけですが，電磁気学現象では正電荷の流れとその逆方向への負電荷の流れの区別はつかないので，電荷の種類は問いません．金属のほかに，半導体や有機物なども条件によっては導体になります．さらに，水銀のような液体の導体もありますし，プラズマとよばれる気体の導体もあります．電界と導体の関係は 4.2 節で詳しく説明します．

よって変化するときには，電流は次式のような通過電荷量 $Q(t)$ [C] の時間変化率で表されます[8]．

$$I = \frac{dQ}{dt} \text{ [A]} \tag{2.16}$$

電気回路の電圧とは，電位差のことでした．V [V] の電圧がある2点間を Q [C] の電荷が移動すれば，QV [J] の仕事をします．これに対し，電流というのは1秒間に流れる電荷量で，電流が I [A] というのは1秒間に I [C] 流れるということです．そこで，V [V] の電位差で I [A] の電流が流れれば，1秒間に

$$P = VI \tag{2.17}$$

のエネルギーを電荷に与えます．この1秒間あたりの仕事量 P を，物理では**仕事率**，電気工学では**電力**といいます．単位は W(ワット) です．1 W = 1 J/s です．この電荷に与えたエネルギーを利用して，さまざまな電化製品が動くのです．

例題 2.3 ◆ 電子1個の電荷量は $-e = -1.6 \times 10^{-19}$ C である．電流 $I = 1$ A を4時間流したとき，何個の電子が流れたことになるか．

解答 ● $I = 1$ A = 1 C/s である．4時間に移動した電荷量は $Q = It = 1 \times 4 \times 60 \times 60 = 14400$ C なので，移動した電子の個数は $n = Q/e = 14400/1.6 \times 10^{-19} = 9.0 \times 10^{22}$ 個となる．

ちなみに，銅 1 cm^3 には自由電子が 8.42×10^{22} 個/cm^3 存在し，これらの電子がすべて流れ出ていったことに相当する．

2.4　アンペールの法則

電池の発明[9] などでさまざまな電気実験ができるようになった1820年に，エールステッド (H. C. Ørsted) が重要な発見をしました．導線に電流を流す実験をしていたところ，導線の近くにあった磁石が回転したのです．このことは，電流が磁気作用をもつことを意味します．エールステッドの報告を聞いたアンペール (A. -M. Ampère) は，電流が流れている導線間の力を調べて電流が作り出す磁気作用の法則を見いだしました．エールステッドやアンペールの実験によって電流と磁界の関係が明らかになったのです．

---

[8] 変化率と微分の関係は付録 A を参照してください．
[9] ボルタ (A. Volta) が最初の電池を発表したのは1800年です．電圧の単位ボルトはボルタに，電流の単位アンペアはアンペールにちなんだものです．

非常に細くて，非常に長いまっすぐな導線を流れる電流，すなわち**直線電流**が，その周りに作る磁界には以下のような性質があります．
(1) 磁界の方向は直線電流に垂直である
(2) 磁界の方向は直線電流から磁界の存在点への方向にも垂直である
(3) 磁界の方向は流れる電流に対して右ねじの方向である
(4) 磁束密度の大きさは電流に比例し，直線電流からの距離に反比例する．

磁界の方向は，電荷が作る電界の方向とかなり異なるので，図 2.7 で詳しく説明します．

直線電流周りの磁束の様子は図 (a) のようになります．(1) の直線電流に垂直という性質のため，磁束密度ベクトルは直線電流に対して垂直な面内に存在します．このため，磁界の向きを正確に描くには，図 (b) のような直線電流の流れ出る方向からみた図で示さなければなりません．次に，(2) の直線電流から磁界の存在点への方向にも垂直な性質のために，図 (b) のように，直線電流を中心とした円の半径方向(図の r で示した線分) にも垂直です．

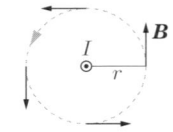

(a) 電流周りの磁界の様子 (b) 電流の先からみた磁界

図 **2.7** アンペールの法則

(3) の**右ねじの方向**であるというのは，電流の先からみた磁束密度ベクトルが，図 (b) の矢印のような反時計回り方向のベクトルになることを意味しています．これが直線電流の作る磁界です．

この右ねじ方向は，図 2.8 のように電流方向に右手の親指を向けたとき，残りの指が向く方向が磁界の向きであるという形で覚えます[10]．

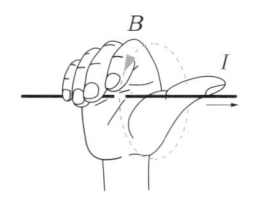

図 **2.8** 右ねじ方向の覚え方

---

[10] 2.6 節でもう少し詳しく説明します．電磁気学は方向について覚えることが多いですが，基本的に右手を使います．これは右利きの人が多いからでしょう．

言葉で表すと複雑ですが，磁束を描けば図 2.7(b) のように直線を中心軸とした円になります．円なので磁束には切れ目がありません．電気力線が正電荷から発生して負電荷で消滅するのとは異なり，磁束は電流に束ねられているというイメージです．

重要なのは，最後の直線電流周りの磁束密度の大きさに関する法則 (4) で，これを**アンペールの法則**といいます．電流からの距離を r [m] として式で書くと

$$B = A\frac{I}{r} \tag{2.18}$$

となります．真空中では比例係数が $A = \mu_0/2\pi$ と表されるので，磁束密度 B [T] は

$$B = \frac{\mu_0 I}{2\pi r} \tag{2.19}$$

となります．比例係数 μ_0 は 2.1 節で出てきた**真空の透磁率**です．

例題 2.4 ◆ 無限に長い直線状の導線に電流 $I = 3$ A を流している．導線から $r = 2$ cm 離れた場所での磁束密度 B を計算せよ．

解答● $B = \dfrac{\mu_0 I}{2\pi r} = 2 \times 10^{-7} \times \dfrac{3}{2 \times 10^{-2}} = 3 \times 10^{-5}$ T

これは地磁気の平均の強さ 3×10^{-5} T に等しい強さである．

2.5　ビオ・サバールの法則

1.7 節で述べたように，任意形状の電荷が作る電界は，その電荷を細かく分割し，それぞれの小さな電荷を点電荷と考えて求めた電界の重ね合わせで計算することができます．磁界も重ね合わせることができるので，複数の直線電流が流れているときの磁界は，それぞれの直線電流が作る磁界の合計になります．しかし，任意形状の電流を無限に長い直線電流に分割することはできないので，アンペールの法則を使って直線以外の形をした電流が作る磁界を計算するのは不可能です．

ところで，1.9 節で述べた，全長 l [m] で電荷量 Q [C] の直線電荷が，直線から距離 R [m] の点に作る電界強度の公式

$$E = \frac{Q}{2\pi\varepsilon_0 l R} \text{ [V/m]} \tag{2.20}$$

と，電流 I [A] の直線電流が，距離 R [m] の点に作るアンペールの法則

$$B = \frac{\mu_0 I}{2\pi R} \text{ [T]} \tag{2.21}$$

は，非常によく似た形をしています．どちらも直線からの距離 R に反比例していて，

それ以外は電荷量や電流だけで決まります．式 (2.20) の E は，

$$\frac{Q}{\varepsilon_0 l} \to \mu_0 I \tag{2.22}$$

という置き換えをすれば式 (2.21) の B に一致します．電界と磁界では方向が違いますが，同じ形状をした電荷と電流が作る場の強さが同じ関数形をしていることは，二つの現象がよく似た法則で計算可能であることを示唆しています．直線電荷が作る電界は，電荷を細かく分割すれば各分割電荷が点電荷とみなせることを利用して計算できます．ということは，導線を流れる電流が作る磁界は，その導線を細かく分割すると，各分割電流が作る磁界が，点電荷が作る電界と同じような法則で計算できると考えられます．

この細かく分割した電流を**電流素片**といい，電流素片が作る磁界の法則を**ビオ・サバールの法則**といいます．ビオ・サバールの法則を使うと任意形状の電流が作る磁界を計算することができます．

まず，図 2.9(a) のような直線電荷から距離 R [m] 離れた点 P での電界を考えます．直線電荷を分割して，図のような長さ dl [m] の区間を考えれば，直線の全長 l [m] に Q [C] の電荷が入っているので，この区間に入っている電荷量は $(Q/l)dl$ [C] です．この電荷が点 P に作る電界ベクトル $d\boldsymbol{E}$ は，dl と点 P を結ぶ直線の方向ですが，すべての区間からの重ね合わせ電界は，直線と垂直な方向 (図の R の方向) です．よって，この dl 区間が点 P の電界に寄与する成分 dE_1 [V/m] は，dl 区間と点 P を結んだ直線と，直線電流から垂直に点 P に向かう R の方向とのなす角度 θ' を用いて，

$$dE_1 = dE\cos\theta' = \frac{(Q/l)dl}{4\pi\varepsilon_0 r^2}\cos\theta' \tag{2.23}$$

となります．ここで，r [m] は dl から点 P までの距離です．

(a) 直線電荷の分割 (b) 直線電流の分割

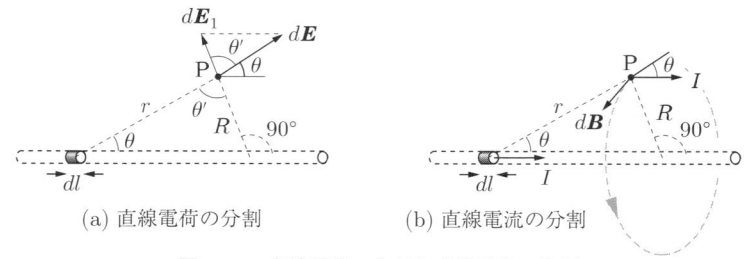

図 **2.9**　直線電荷の分割と直線電流の分割

この dE_1 を直線が非常に長いとして重ね合わせれば式 (2.20) に一致するのですから，同じ形をした式 (2.21) も電流を小さな区間，電流素片に分割すれば，その磁界への寄与が式 (2.23) と同じ形をしていると考えられます．そこで，式 (2.22) を使って式 (2.23) を磁束密度 dB [T] に置き換えれば，

$$dB = \frac{\mu_0 I}{4\pi r^2} dl \cos\theta' \tag{2.24}$$

となります．ここで計算に便利なように，角度 θ' を，dl 区間と点 P を結んだ直線 r と電流素片を流れる電流 I の向きとのなす角度 θ で置き換えます．$\theta = 90° - \theta'$ ですから，

$$dB = \frac{\mu_0 I}{4\pi r^2} dl \sin\theta \tag{2.25}$$

となります．この磁束密度 dB は，図 (b) のように dl 区間の電流素片が点 P に作る磁界の磁束密度だと考えられます．式 (2.25) が，ビオ・サバールの法則です．

ただし，電界と磁界では向きが異なります．直線電流が作る磁束は直線を中心軸とした円の接線方向になるので，dB の方向も図 (b) のベクトル $d\boldsymbol{B}$ のように，電流素片の方向を軸とした円の接線方向 (電流の向きに対して右ねじの方向) を向きます[11]．$\sin\theta$ が出てくることと，磁束が電流にも電流素片 dl と点 P を結ぶベクトル $\boldsymbol{r}$ にも垂直であることから，式 (2.25) と方向を含めて $d\boldsymbol{B}$ はベクトルの外積で表すことができます[12]．

$$d\boldsymbol{B} = \frac{\mu_0 I}{4\pi r^3} d\boldsymbol{l} \times \boldsymbol{r} \tag{2.26}$$

ここで，$d\boldsymbol{l}$ は電流の方向を向き，長さが dl のベクトルです．

ビオ・サバールの法則を使った磁束密度の計算例として，図 2.10 のような，半径 R [m] の**リング電流**がその中心軸上に作る磁束密度を計算します．円の中心 O から距離 z [m] の点 P を考えます．リングを N 等分して長さ dl [m] の電流素片を作ったとすれば，$dl = 2\pi R/N$ です．電流素片 dl と，そこから点 P へのベクトルは，つねに垂直なので，式 (2.25) の角度 θ は $90°$ です．よって，電流素片 dl が作る磁束密度は，図の $d\boldsymbol{B}$ の方向で，大きさは，

$$dB = \frac{\mu_0 I dl}{4\pi r^2} = \frac{\mu_0 I}{4\pi r^2} \frac{2\pi R}{N} = \frac{\mu_0 R I}{2N(R^2 + z^2)} \text{ [T]} \tag{2.27}$$

となります．最後の式では $r = \sqrt{R^2 + z^2}$ を使いました．

この電流素片が作る磁束密度ベクトルをリング全体で合計すれば，リング電流の作る磁束密度が計算できます．このとき，中心軸に垂直な成分は電流素片によって向きが $360°$ 異なるので合計すると 0 です．よって，残るのは中心軸方向を向いた図 2.10 の $\boldsymbol{B}$ になります．磁束密度 dB の垂直方向成分は，全電流素片に対して同じ大きさな

---

[11] 厳密にいえば，接線方向成分しかもたないことの証明が必要です．もし，電流方向成分の磁界があると，点 P に対して対称の位置にある電流素片が作る磁界が逆向きになって打ち消す必要があります．しかし，これは電流を逆向きにすると向きが逆転することと矛盾します．また，電流に垂直な半径方向成分があると磁束が電流から放射状に出ていくことになるので，磁界のガウスの法則を満足しません．

[12] 式 (2.26) は右ねじの方向であることも含んでいます．外積の詳細は，付録 B を参照してください．

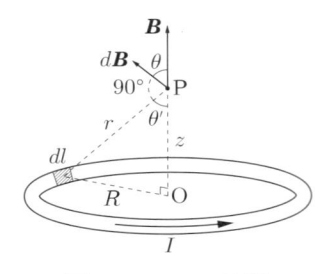

図 2.10 リング電流

ので，$\boldsymbol{B}$ の大きさ B [T] は

$$B = NdB\cos\theta = \frac{\mu_0 RI}{2(R^2+z^2)}\cos\theta$$

となります．ここで，θ は図2.10のように dB と B の角度です．r と z のなす角 θ' と θ には $\theta + \theta' = 90°$ の関係があるので，$\cos\theta = \sin\theta' = R/r$ と計算することができます．

よって，

$$B = \frac{\mu_0 RI}{2(R^2+z^2)}\frac{R}{r} = \frac{\mu_0 R^2 I}{2(R^2+z^2)^{3/2}} \tag{2.28}$$

となります．とくに円の中心 O での磁束密度は，$z=0$ とおいて，

$$B = \frac{\mu_0 I}{2R} \tag{2.29}$$

となります．

逆に，リング電流を非常に遠くからみれば，分母の R は無視できるので，

$$B \fallingdotseq \frac{\mu_0 R^2 I}{2z^3} \tag{2.30}$$

となります．この式は，$p_m = \mu_0 \pi R^2 I$ とおいて，

$$B = \frac{p_m}{2\pi z^3} \tag{2.31}$$

と書くことができます．式 (2.31) は，磁極 m [Wb] と $-m$ [Wb] が距離 l [m] 離れた磁気双極子モーメント $p_m = ml$ が作る磁束密度に一致します[13]．すなわち，リング電流が作る磁界は，N極磁荷とS極磁荷のペアが作る磁界と，遠くからみれば区別することができません[14]．

---

13) 詳細は付録 C で示します．
14) 直線電荷が作る電界 (式 (1.50)) と直線電流が作る磁界 (式 (2.21)) は，方向は違っても半径 R に対する依存性は同じでした．しかし，リング電流が作る磁束密度 (式 (2.28)) は，リング電荷が作る電界強度 (式 (1.28)) と方向は同じなのに z 依存性は異なります．両者を比較してみてください．

例題 2.5 ◆ 図のように，点 C から点 D に向かって電流 I [A] が流れている．この線分電流 I の端点 D から垂直に R [m] 離れた点 P での磁束密度 B [T] を計算せよ．ここで，CP と CD のなす角度を α とする．

また，この結果を使ってアンペールの法則 (式 (2.21)) を導け．

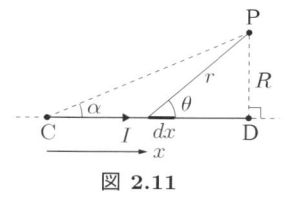

(ヒント：図 2.11 のように，CD の方向を x 方向とすると，電流素片は dx である．電流素片から点 P へ向かう直線と CD の間の角度を θ として，x から θ へ変数変換をする)

図 2.11

解答● 電流素片 dx が点 P に作る磁束密度 dB は，ビオ・サバールの法則から $dB = (\mu_0 I / 4\pi r^2) dx \sin\theta$ である．CD の長さを l とすると，$x = l - R/\tan\theta$ の関係があるので，$dx = (R/\sin^2\theta) d\theta$ である．また，図より $r = R/\sin\theta$ なので，これらを代入すれば，$dB = (\mu_0 I / 4\pi R) \sin\theta \, d\theta$ である．角度 θ は点 C で α，点 D で $90°$ なので，次式となる．

$$B = \int_\alpha^{\frac{\pi}{2}} \frac{\mu_0 I}{4\pi R} \sin\theta \, d\theta = \frac{\mu_0 I}{4\pi R} \left[-\cos\theta\right]_\alpha^{\frac{\pi}{2}} = \frac{\mu_0 I}{4\pi R} \cos\alpha$$

点 C を左方に無限に伸ばせば $\alpha \to 0$ なので，$B = \mu_0 I / 4\pi R$ である．この半無限電流を左右反転させ，電流を逆向きに流して点 D で接続すれば，同じ方向に同じ大きさの磁界が点 P にできるので，重ね合わせにより 2 倍の $B = \mu_0 I / 2\pi R$ となる．これはアンペールの法則と一致している．

2.6 磁束の性質とアンペールの法則の一般化

磁界のガウスの法則は，磁束は切れないという磁束の性質を述べているだけなので，電流とは関係ありません．よって，アンペールの法則は，ガウスの法則とは独立した法則です．しかし，ビオ・サバールの法則は，任意形状の電流が作る磁界を計算することはできますが，電流を細かく分割した"電流素片"が主体であるため，磁界の性質を記述する法則ではありません．そこで，直線電流と磁束密度の関係であるアンペールの法則をもう少し一般化してみましょう．

アンペールの法則 (式 (2.19)) の分母にある $2\pi r$ に着目します．磁束が円ですから $2\pi r$ は円周の長さ，すなわち磁束の長さです．そこで，式 (2.19) の両辺に $2\pi r$ を掛けると

$$2\pi r B = \mu_0 I \tag{2.32}$$

という式が得られます．この式の左辺は"磁束密度×磁束の長さ"の形をしていて，右辺は電流だけで決まります．アンペールの法則とは，磁束の長さに関する性質が電流

で決まることを表す法則だといえます．

　空間のベクトル量に長さを掛けた値で思い出すのは電界と電位差の関係です．電位差の計算は，式 (1.67) で示したように，"電界強度×移動距離×$\cos\theta$" でした．ここで，θ は電界と移動方向の間の角度です．電界と磁界の類似性から推察すれば "磁束密度×移動距離×$\cos\theta$" にも物理的意味があるはずです．そこで，磁束密度 B の磁界中において，ある点 A から距離 l [m] 離れた別の点 B へ移動したときの値

$$N_{\mathrm{AB}} = Bl\cos\theta \tag{2.33}$$

を定義します．

　直線電流周りの磁界の場合，半径 r の円周に沿って磁束密度 B は一定であり，かつ磁束の方向である円周に沿って移動すれば，移動方向と磁束の間の角度 θ はつねに 0 です．よって，式 (2.33) において，$l = 2\pi r$，$\theta = 0$ とおけば，$N_{\mathrm{AB}} = 2\pi r B$ になります．円周は閉曲線なので，始点 A と終点 B は一致します．そこで，閉曲線 1 周の N_{AB} の値を N_b と書けば，アンペールの法則 (式 (2.32)) は，

$$N_b = \mu_0 I \tag{2.34}$$

となります．この N_b にはとくに名称がありませんが，後で説明するように周回積分で表すことができるので，本書では**磁界の周回積分**とよびます．式 (2.34) の形にしたアンペールの法則は，"直線電流が作る円形の磁束に沿って計算した周回積分の値は，電流値と μ_0 の積に等しい" と表現できます．さらに磁界と角度 θ の方向に移動したときの値は，式 (2.33) のように定義されているので，これを拡張すれば任意の閉曲線を回って一周したときの磁界の周回積分が定義できます．この閉曲線からみれば，直線電流とは "閉曲線で囲む面を垂直に貫く電流" のことです．そこで，電流を囲む任意の閉曲線について，1 周したときに式 (2.34) がつねに成り立つとすれば，アンペールの法則を一般化したことになります．

　以上を言葉で表せば，

閉じた曲線に沿って一回り移動して計算した磁界の周回積分は，その曲線を縁とする面を垂直に貫く電流の μ_0 倍に等しい

となります．

　ただし，一般の閉曲線を移動した周回積分を計算するときは，右辺の電流の測り方に注意が必要です．曲線の移動方向に対し，右ねじの方向に面を貫いている電流が正です．図 2.12 をみてください．数学的にはガウスの法則と同じで，"面の向き" を面に垂直な方向で指定します．面の向きを決めたとき，縁の曲線の進み方には 2 方向ありますが，図 2.12 の手のように，面の向きを右手の親指で指したときに，親指以外の指

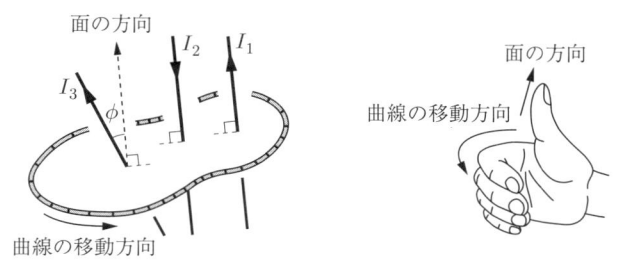

図 2.12 右ねじの方向とアンペールの法則の一般化

が指す方向を面の縁の向きとします．この右手で指定する向きが**右ねじの方向**です．

図 2.12 の場合には，I_1 のように，右ねじの方向に電流が貫いていたら正の値で，I_2 のように，逆向きに貫いていたら負の値になります．一般に，I_3 のように面の方向に対して角度 ϕ 傾いて貫いている電流の場合には，$I_3 \cos\phi$ の電流が垂直に貫いていると考えて加えます．図 2.12 の場合，I_1, I_2, I_3 がすべて正の値で指定されているときには，

$$I = I_1 - I_2 + I_3 \cos\phi \tag{2.35}$$

となります．

ここまで，磁束密度が曲線に沿って一定であることを仮定して説明してきましたが，もう少し数学的に正確な定式化をしておきましょう．式 (1.68) のように，移動ベクトル $\boldsymbol{l}$ を使って式 (2.33) をベクトルの内積で表現すれば，

$$N_{AB} = \boldsymbol{B} \cdot \boldsymbol{l} \tag{2.36}$$

となります．よって，これを拡張して点 A から点 B まで曲線 C を通って移動するときには，式 (1.69) と同じように線積分

$$N_{AB} = \int_{A(C)}^{B} \boldsymbol{B} \cdot d\boldsymbol{l} \tag{2.37}$$

で表すことができます．さらに，点 A と点 B を一致させて曲線を閉曲線にすれば，次式のような周回積分になります．

$$N_b = \oint_{(C)} \boldsymbol{B} \cdot d\boldsymbol{l} \tag{2.38}$$

これが磁界の周回積分です．式 (2.38) を使ってアンペールの法則の一般化を定式化すると，

$$\oint_{(C)} \boldsymbol{B} \cdot d\boldsymbol{l} = \mu_0 I \tag{2.39}$$

となります.ここで,電流 I は図 2.12 のように,閉曲線 C が囲む面を右ねじ方向に垂直に貫く電流の合計です.式 (2.39) を積分形のアンペールの法則といいます[15].

さて,式 (2.39) において閉曲線 C を貫く電流が存在しなければ,

$$\oint_{(C)} \boldsymbol{B} \cdot d\boldsymbol{l} = 0 \tag{2.40}$$

となりますが,この磁界の周回積分が 0 という条件は,電界の式 (1.74) と同じ形をしています.この世の中に単極磁荷はありませんが,磁石の外側からみれば N 極は磁束を発生し,S 極は吸収して磁極間の力はクーロンの法則を満足します.よって,磁極周辺の真空中の磁界が,静電界と同じ"周回積分＝0"の法則を満足するのは自然なことです.

例題 2.6 ◆ I [A] の無限に長い直線電流の周りを厚みの無視できる半径 a [m] の同心円筒で囲い,中心部の直線電流とは逆向きに I [A] の電流を流した.これらの電流の作る磁束密度 $B(r)$ を,中心からの距離 r の関数として求めよ.

解答 ● 半径 r [m] の同心円を考える.磁束密度は,この同心円上では $B(r)$ [T] で一定である.一般化されたアンペールの法則から,

$0 < r < a$ の場合, $\quad 2\pi r B(r) = \mu_0 I, \quad \therefore \ B(r) = \dfrac{\mu_0 I}{2\pi r}$

$r > a$ の場合, $\quad 2\pi r B(r) = \mu_0 (I - I) = 0, \quad \therefore \ B(r) = 0$

テレビのアンテナ線などに使われる同軸ケーブルの外側では,磁束は打ち消し合っている.

2.7 面電流およびコイルによる磁界と電磁石

直線電流より形状の単純な磁界を作る電流に**面電流**があります.これは,図 2.13(a) のような薄くて広い板状の導体があって,板面に沿って一様に電流が流れているものです.電流が I [A] の面電流の周りの磁界を計算しましょう.

(a) 面電流 (b) 面電流による磁界

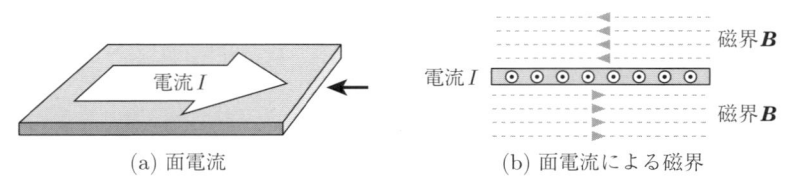

図 **2.13** 面電流周りの磁束

---
[15] 式 (2.39) は積分形のマクスウェル方程式の一つですが,電界が時間的に変化するときには拡張が必要です.詳細は 3.7 節で説明します.

面電流を電流の先から (図 (a) の黒い矢印の方向から) みた図が図 (b) です．磁束は電流を右ねじ方向に取り囲むようにできるので，図 (b) のように面電流の上側は左に流れる磁束，下側は右に流れる磁束となります．さらに面が十分広い場合には，磁束は電流の面に平行になります．

面電流の周りの磁束密度を計算するためには，閉じた曲線として図 2.14 に描いた長方形 ABCD を選びます．長方形の横 (辺 AB) の長さは面電流の幅 l [m] に等しく取り，縦 (辺 BC) は，電流面がその中央に位置するようにします．上下の対称性より，辺 AB での磁束密度と辺 CD での磁束密度は向きが逆で，大きさ B [T] は等しくならなければなりません．辺 AB と辺 CD はどちらも磁束の方向を向いているので，$N_{AB} = N_{CD} = Bl$ です．これに対し，辺 BC と辺 DA は磁束に垂直なため，$\cos\theta = 0$ となり，$N_{BC} = N_{DA} = 0$ です．

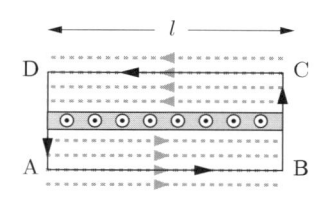

図 2.14 面電流周りの磁束密度計算

よって，長方形 ABCD に沿って 1 周すると $N_b = N_{AB} + N_{BC} + N_{CD} + N_{DA} = 2Bl$ となります．この長方形は面電流 I 全体を囲んでいるので，アンペールの法則 (式 (2.34)) より，

$$2Bl = \mu_0 I \tag{2.41}$$

となります．よって，磁束密度 B [T] は，

$$B = \frac{\mu_0 I}{2l} \tag{2.42}$$

となります．実際には電流の両端で磁束が回り込むので，すべての場所でこの式が正しいわけではありませんが，面の幅 l が十分広い面電流であれば，中央付近の磁束密度は式 (2.42) で計算することができます．

式 (2.42) で重要なことは，磁束密度が電流からの距離に無関係であることです．そこで次に図 2.15 のように，2 枚平行におかれた面電流が作る磁界を考えます．上の 1 枚は手前向きに電流 I [A] が流れ，下の 1 枚は逆向きに電流 $-I$ [A] が流れているとします．

このとき，重ね合わせにより 2 枚の面電流の間にできる磁界の磁束密度は

$$B = \frac{\mu_0 I}{l} \text{ [T]} \tag{2.43}$$

となります．一方，面電流の外側の磁束は0になります[16]．つまり，面電流2枚で磁束を閉じ込めることができます．

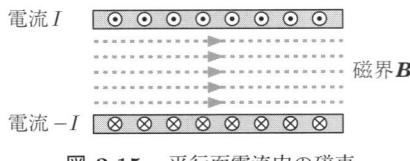

図 2.15 平行面電流内の磁束

この平行におかれた2枚の面電流は，その端をつないで一つの閉じた電流で作ることもできます．すなわち，図 2.16 のように上から出た電流を曲げて下の電流につなぎ，反対側でも下から出た電流を上の電流につなぐのです．このようにつないで電流を流しても内部にできる磁束密度は変わらず，式 (2.43) を用いることができます．なぜなら，面電流の作る磁界は，電流の幅 l には依存するのですが，電流の長さには関係がないからです．

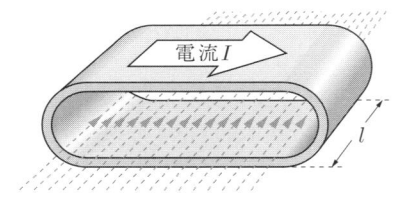

図 2.16 閉じた面電流による磁束

もっと極端に図 2.17(a) のような円筒にすることも考えられます．円筒が細長ければ，磁束は円筒内部に閉じ込められ，内部の磁束密度はやはり式 (2.43) で与えられます．このとき，幅 l は円筒の長さになります．磁束密度が円筒の断面積には関係がないことに注意しましょう．

この円筒状の電流は，磁束の出口が N 極，入り口が S 極と考えれば磁石と同じはたらきをします．円筒の断面積を S [m^2] とすれば，円筒の端から出ていく磁束は BS [Wb] なので，この円筒電流は，磁極の強さ m [Wb] が

$$m = \frac{\mu_0 I}{l} S \tag{2.44}$$

の磁石としてはたらくことになります．これを**電磁石**といいます．

---

[16] これは 1.9 節で述べた平行平板電荷の作る電界を計算するときと同じ場合分けを考えることで計算できます．

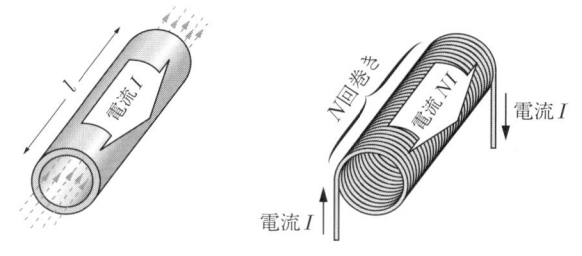

2.7 面電流およびコイルによる磁界と電磁石　61

(a) 円筒電流による磁界　　(b) コイルは円筒電流と等価

図 2.17　円筒電流とソレノイドコイル

　実際には，閉じた円筒形の導体を作っても，図の方向に一様に電流を流すのが難しいため，図 (b) のように導線を円筒状に巻いて作ります．これを**ソレノイドコイル**，または単に**コイル**といいます．巻数が N で長さが l [m] のコイルに電流 I [A] を流すと，コイルの端から端までの電流の合計が NI [A] になるので，内部にできる磁束密度 B [T] は，

$$B = \frac{\mu_0 N I}{l} \tag{2.45}$$

となります[17]．そこで，この電磁石は

$$m = \frac{\mu_0 N I}{l} S \text{ [Wb]} \tag{2.46}$$

の強さの磁極をもつことになります．

　なお，電流の向きに対するコイルの内部磁界の方向は，右手の人差し指から小指までを電流の向きに合わせたときに親指が向く方向です．直線電流周りの磁束と指の合わせ方は違いますが，やはり右ねじの方向であると覚えてください．

　電磁石は，スイッチで磁界をオンオフすることができ，また，電流や巻き数を調節することで好みの強さの磁界を発生させることができるので，さまざまな応用があります．コイルをさらに強力にするためには，円筒内に鉄などの磁性体を入れるのですが，これは 5.1 節の物質中の磁界の項で述べます．

例題 2.7 ◆ 細長いソレノイドコイルを曲げ，両端をつないで円形にしたものを環状コイル (トロイダルコイル) とよぶ．コイルの中心を通る円の半径が a [m] となるような N 回巻きの環状コイルに，電流 I [A] を流した．コイル内部の磁束密度 B を計算せよ．

---

[17] ここまで磁束の長さはコイルの長さ l に等しいとして計算しましたが，実際にはコイルの外部にも磁束が存在するので一般的には磁束の方が長くなります．式 (2.45) はコイルが細長くて外部磁束の影響が無視できる場合に近似的に成り立ちます．外部磁束を考慮すれば，実効的な磁束の長さ l が大きくなるので，磁束密度はこれより小さくなります．

解答● コイルの中心の半径 a [m] の円周に沿って B [T] の磁束密度が発生しているとすると，次式になります．

$$B \times 2\pi a = \mu_0 NI, \quad \therefore \ B = \frac{\mu_0 NI}{2\pi a}$$

2.8 電流が磁界から受ける力

電荷には，電界を作ることと電界に反応して力を受けることの二つのはたらきがありました．電流も同様に二つのはたらきがあります．ここまでは，電流が磁界を作るはたらきについての話でしたが，次に電流が磁界から力を受けるはたらきについて述べます．

図 2.18 のように，一様な磁束密度 B [T] の磁界に直線電流 I [A] をおくと電流に力 F [N] が加わり，F は次式で与えられます．

$$F = lIB\sin\theta \tag{2.47}$$

ここで，l [m] は直線電流の長さ，θ は図 2.18 に示すように電流の流れの方向と磁束の方向との間の角度です．$\sin\theta$ は $\theta=90°$ のときに最大値 1 になりますから，電流が磁束に対して垂直に流れているときにもっとも大きな力がかかります．逆に，$\theta=0$ のときは $\sin\theta=0$ なので，電流が磁束に平行に流れているときは力がかかりません．式 (2.47) は，直線電流にかかる力が 1 m あたり

$$f = IB\sin\theta \tag{2.48}$$

である，と表現することもできます．1 m あたりの力なので，f の単位は N/m です．

この電流が磁界から受ける力の方向は，電流にも磁束にも垂直な第 3 の方向にかかります．ここで，第 3 の方向とは，図 2.18 のように右手の親指を電流の方向，人差し

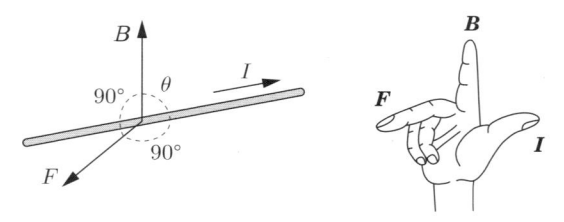

図 2.18 電流が磁界から受ける力

指を磁束の方向にとったときの中指の方向です[18]．

式 (2.48) が $\sin\theta$ に比例することと，方向が電流にも磁界にも垂直であることから，電流に加わる力はベクトルの外積で表すことができます．電流をその流れる方向を含めて I というベクトルで表し，磁束密度ベクトルを B とすると，電流が受ける 1 m あたりの力のベクトル f は，

$$f = I \times B \tag{2.49}$$

となります．f の単位も N/m です．

電流には磁界を作るはたらきと，磁界から力を受けるはたらきの二つの作用があるので，図 2.19 のように 2 本の直線電流が平行に流れているとお互いに力を及ぼします．電流間の距離を d [m] とし，電流 1 に I_1 [A]，電流 2 に I_2 [A] 流れているとすると，電流 1 が電流 2 の位置に作る磁界の磁束密度 B_1 [T] は

$$B_1 = \frac{\mu_0 I_1}{2\pi d} \tag{2.50}$$

となります．この磁束は電流 1 に垂直ですが，電流 1 と 2 は平行なので，電流 2 にも垂直です．ということは，$\theta = 90°$ なので，電流 2 に 1 m あたり

$$f = I_2 B_1 = \frac{\mu_0 I_1 I_2}{2\pi d} \text{ [N/m]} \tag{2.51}$$

の力がかかります[19]．力の向きは，図のように電流 1 と 2 が同じ向きのときは引き合

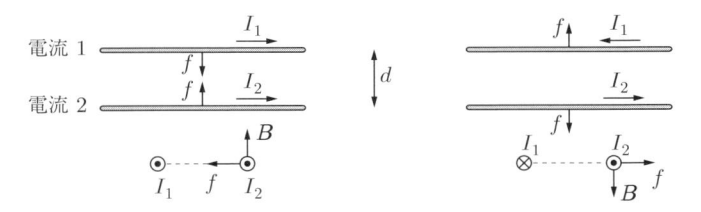

(a) 同方向の電流は引力　　(b) 逆方向の電流は反発力

図 2.19 平行な 2 本の直線電流間にはたらく力

---

[18] 電気工学では，左手を使って覚えるフレミングの左手則というのがあります．これは左手を使って電流 I の向きを中指，磁界 B の向きを人差し指で指定すると，親指の向きが力 F の向きになるというものです．右手ではなく左手を使うのは，親指と中指の指定するものが図 2.18 と入れ替わっているためです．フレミングの左手則は 3.3 節に出てくるフレミングの右手則と対になっていて，どちらも導体 (導線) での方向指定 (電流や起電力) を中指で行います．物理現象を把握するというより，モーター (左手) と発電機 (右手) の原理を対比させた実用上便利な覚え方です．

[19] この力の法則は，アンペールが実験で確かめたものなので，この電流間の力をアンペール力といいます．電流の単位 A (アンペア) とは，真空中で 1 m 離れて平行におかれた 2 本の導線に同じ大きさの電流を流したとき，1 m あたり 2×10^{-7} N の力がかかる電流で定義されています．これが，真空の透磁率が $\mu_0 = 4\pi \times 10^{-7}$ になる理由です．

う方向になり，電流が逆向きのときは反発する方向になります．電荷なら同符号の電荷は反発で，逆符号の電荷は引き合いますから，電流と逆です．わからなくなったら，

磁界の方向→電流が磁界から受ける力の方向→電流間の力の方向

と順に考えましょう．

　逆向きに流れる電流には反発力がはたらくので，平行面電流には面を引き離そうとする力がはたらきます．この平行面電流の作る磁界 (図 2.20(a)) を平行面電荷の作る電界 (図 2.20(b)) と比較すると，磁界や電界の方向と，力の方向の関係がわかります．面電荷の場合には，電気力線は正の面電荷から出て，負の面電荷に入ります．つまり，2 枚の面が電気力線でつながっています．これに対し，面電流の場合には，電流が逆向きなら磁束は面の間に閉じ込められますが，磁束は電流面に平行です．つまり，磁束は面と平行に接しています．この線と面の位置関係の違いが，引力と反発力の違いになると考えられます[20]．

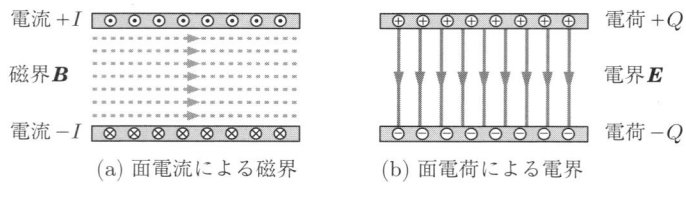

図 2.20　電流間にはたらく力と電荷間にはたらく力の違い

　磁界中におかれたコイルに電流を流せば，1 本あたりに加わる力がコイルの巻き数倍になるので大きな力を与えることができます．このコイルに加わる力を利用するのが，**電動機** (モーター) です．通常のモーターはコイルが回転する仕組みになっていて，磁界から受ける力を回転力に変換します．電車を動かす大きなものから，DVD を回転させる小さなものまで，いろいろな種類のモーターがありますが，力を発生させる原理は同じです．モーターは電気エネルギーを力学的エネルギーに変換するための重要な電気機器です．

例題 2.8 ◆　磁束密度 5 T の一様な磁界中に直線電流が流れている．直線電流と磁界との間の角度が 30° のとき，直線電流 1 m あたりに 7.5 N の力が加わるようにするには，何 A の電流を流せばよいか．

解答●　$f = IB\sin\theta$ より，$I = f/(B\sin\theta) = 7.5/(5 \times \sin 30°) = 3$ A

---

[20] Wide Scope 1 で，電気力線は線の方向に張力を加え，線に垂直な方向に圧力を加える，という話をしましたが，これが磁束にも当てはまるのだと考えればいいでしょう．面電流の作る磁束は電流面に平行ですから，電流を引き離す方向に力が加わるのは磁束の圧力によるものだと考えられます．

2.9 ローレンツ力

電流は電荷の流れです．ということは，磁界から電流が受ける力は動いている電荷にはたらいているはずです．そこで電流が電荷の流れであることを使って，磁界から電荷が受ける力を計算してみましょう．

図 2.21 のように，一定間隔 a [m] で電荷量 q [C] の点電荷が速度 v [m/s] でパイプの中を移動していると仮定します．このとき，点電荷は 1 秒間に v [m] 進みますが，点電荷の間隔が a [m] なので，v [m] の中には v/a 個の点電荷が存在します．よって，1 秒間にパイプの断面を通過する点電荷数は v/a 個となり，1 秒間にパイプの断面を通過する電荷量，すなわち電流 I [A] は，

$$I = q\frac{v}{a} \tag{2.52}$$

となります．

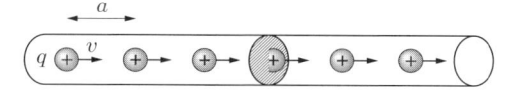

図 **2.21** 点電荷の移動による電流

さて，この電流を磁界中におけば，1 m あたり，

$$f = IB\sin\theta = q\frac{v}{a}B\sin\theta \text{ [N/m]} \tag{2.53}$$

の力がかかります．ここで，θ は点電荷の進む方向と磁束の間の角度です．点電荷の間隔は a [m] ですから，1 m の中には $1/a$ 個の点電荷が入っています．そこで，式 (2.53) を $1/a$ で割ると，点電荷 1 個あたりの力 F [N] が計算できます．

$$F = qvB\sin\theta \tag{2.54}$$

この動いている電荷が磁界から受ける力を**ローレンツ力**といいます．

正確には速度も磁束密度も力もベクトルなので，次式のように速度ベクトルと磁束密度ベクトルの外積が，力のベクトルに比例するという式になります．

$$\boldsymbol{F} = q\boldsymbol{v} \times \boldsymbol{B} \tag{2.55}$$

外積の性質より，ローレンツ力は粒子の進行方向に垂直で，かつ磁界に垂直です．また，電荷の正負によって，図 2.22 のように力の向きは反対になります．これは電界と力の関係と同じです．さらに電界 $\boldsymbol{E}$ と磁界 $\boldsymbol{B}$ が同時に存在するときは，それぞれによる力の重ね合わせで，

$$\boldsymbol{F} = q\boldsymbol{E} + q\boldsymbol{v} \times \boldsymbol{B} \tag{2.56}$$

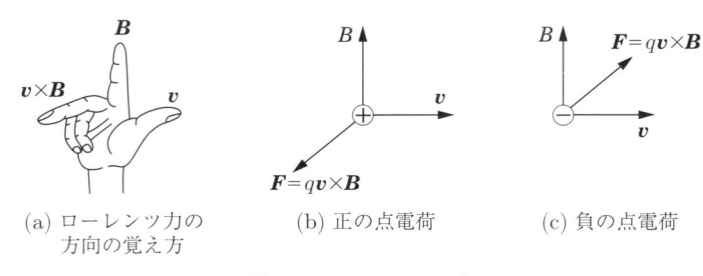

(a) ローレンツ力の方向の覚え方　　(b) 正の点電荷　　(c) 負の点電荷

図 2.22　ローレンツ力

となります．

電荷が導線中を移動するときは導線から外に出られないので，導線に沿って移動します．しかし，真空中で自由に動くことのできる点電荷が磁界中を運動するときには，運動方向に垂直な力を受けて軌道が曲がります．

一様な磁界 B [T] 中で，磁界に垂直な点電荷の運動を調べてみましょう．磁界に垂直に速度 v [m/s] で走っている点電荷 q [C] はローレンツ力 qvB [N] を受けますが，力の方向が磁界にも速度にも垂直なので，運動方向はつねに同じ角度で曲がり続けます．この結果，図 2.23 のように，磁界 B の方向からみた点電荷の軌道を描くと円になります．この円運動を**サイクロトロン運動**といいます[21]．

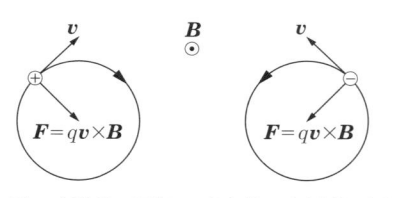

(a) 正の点電荷の回転　　(b) 負の点電荷の回転

図 2.23　サイクロトロン運動

質量 m [kg] の荷電粒子が速度 v [m/s] で半径 r [m] の円軌道を描くときは，外向きに遠心力 $F_c = mv^2/r$ [N] が加わるので，円軌道の半径は，この遠心力とローレンツ力がつり合う条件で決まります．すなわち，

$$\frac{mv^2}{r} = |q|vB \tag{2.57}$$

より，回転半径 r [m] は

$$r = \frac{mv}{|q|B} \tag{2.58}$$

---

21) サイクロトロンとは，加速器の一種で，電荷をもつ粒子 (荷電粒子) を回転させながら加速させる装置です．

となります．この半径を**ラーマー半径**といいます．なお，つり合いの式 (式 (2.57)) では大きさを合わせるために電荷 q を絶対値にしてあります．

この円軌道を 1 周する時間，すなわち周期 T [s] は，円周を速度 v で回ることから

$$T = \frac{2\pi r}{v} = \frac{2\pi m}{|q|B} \tag{2.59}$$

となります．これを角周波数で表すと，

$$\omega_c = \frac{2\pi}{T} = \frac{|q|B}{m} \text{ [rad/s]} \tag{2.60}$$

となります．ω_c を**サイクロトロン周波数**といいます．サイクロトロン周波数の特徴は，荷電粒子の速度に無関係であることです．電荷 q と質量 m は荷電粒子の性質なので，粒子の種類が決まれば，サイクロトロン周波数は外部から加えた磁界の磁束密度 B だけで決まります．

例題 2.9 ◆ 紙面に垂直で上向きに一様な磁束密度 $B = 3 \times 10^{-5}$ T (地磁気程度) が発生しているとする．この磁界に垂直に (紙面に平行に) 速度 v [m/s] の電子が入射した．電子は紙面を上からみてどちら向きに回るか．また，回転半径 $r = 3$ cm となる場合の速度 v [m/s] を計算せよ．電子の電荷量を $-e = -1.6 \times 10^{-19}$ C，質量を $m = 9 \times 10^{-31}$ kg とする．

解答 ● 電子が受ける力は $\boldsymbol{F} = -e\boldsymbol{v} \times \boldsymbol{B}$ なので，進行方向に対してつねに左向きである (電子の電荷は負であることに注意)．したがって，反時計回りに等速円運動をする．磁界から受ける力が向心力となり，これと遠心力がつり合っているから，次式となる．

$$evB = m\frac{v^2}{r}, \quad \therefore \; v = \frac{eBr}{m} = \frac{1.6 \times 10^{-19} \times 3 \times 10^{-5} \times 0.03}{9 \times 10^{-31}} = 1.6 \times 10^5 \text{ m/s}$$

2.10 磁界は仕事をしない

ローレンツ力は，電荷の運動方向に対してつねに垂直に加わります．1.2 節で述べたように，物体の移動方向と力の方向が垂直のときには仕事をしないのですから，ローレンツ力は電荷に仕事をしないことになります．この結果，

磁界は電荷と直接エネルギーをやりとりすることができない

という結論が得られます．磁束が電気力線と同じ力の性質をもつことは，磁界もエネルギーを蓄えていることを意味します[22]．しかし，ローレンツ力を介して磁界のエネ

[22) 磁界のエネルギーは 3.5 節で説明します．

ルギーを利用することはできないのです．

　これを聞いて次のような疑問をもつかもしれません．"磁界中の電流には力がはたらくではないか．これを使って電気エネルギーを仕事に変えているのがモーターではないのか？"．確かに磁界の中で電流に力を与え，その回転力で物体を動かすのがモーターであり，これによって扇風機は回り，電車は動きます．

　この疑問に対する答えは"モーターは磁界からエネルギーをもらって回っているのではない"です．"電流が磁界と仕事をやりとりできない"ということは，"磁界のエネルギーを直接電流がもらうことはできない"という意味なのです．

　図 2.24 は，x 方向を向いた一様電界 E の中におかれた点電荷の周りの電気力線 (図 (a)) と，y 方向を向いた一様磁界 B の中におかれた直線電流 (紙面手前から向こうへ向いて流れている) の周りの磁束 (図 (b)) の様子を描いたものです．この図のベクトル F は，点電荷と直線電流にかかる力を示しています．図をみれば一目瞭然で，電界から点電荷が受ける力と電流が磁界から受ける力はかなり性質が異なります．

　電界の場合，点電荷から出た電気力線は，図 (a) のようにすべて右側に流れているので，点電荷が力の方向に移動すると，点電荷から出ている電気力線は短くなります．これは，電界がエネルギーを失うことを意味します．これに対して，磁界の場合は電流が磁束を出しているのではないため，図 (b) のように電流の影響は遠くまで及びません．このため，電流が移動しても磁束の形が全体に右にずれるだけで本質的な変化はないのです．すなわち，力の方向に電流が動いても磁界のエネルギーに増減はありません．では，電流を移動したときの仕事はどこからくるのでしょう．

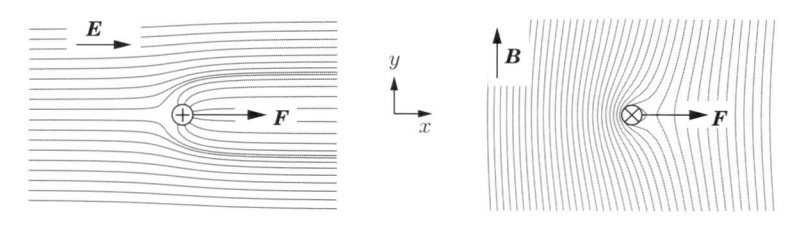

(a) 一様電界中においた点電荷周りの電界　(b) 一様磁界中においた直線電流周りの磁界

図 2.24　一様電界中の点電荷と一様磁界中の直線電流 (電気力線および磁束の矢は省略)

　ここで，電流が流れている導線を磁界中においたときの状況を思い出してください．力は電流に垂直にかかるので，導線が仕事をするには図 2.25 のように電流に垂直な方向に移動する必要があります．導線が垂直方向に動く速度を v とすると，この v と磁束密度 B からローレンツ力 qvB が発生しますが，このローレンツ力は電流の流れと逆向きで，電流の流れを妨げる方向にはたらきます．

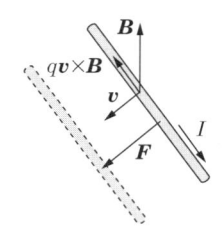

図 2.25　電流の移動によるローレンツ力

　どんなにゆっくりでも，導線を移動させるには速度が必要なので，電流を流し続けるには，流れを妨げるローレンツ力に対抗する力を加える必要があります．この対抗力を与えるために，電流の方向に電界を加えます．結果として，導線にする仕事はその電界が与えることになります．モーターを回転させる仕事は磁界からくるのではなく，電源からくるのです．

　本章を振り返ると，エネルギーの話がほとんど出てきませんでした．磁界は電流と直接エネルギーをやりとりすることができないので，本章では話ができなかったのです．磁界のエネルギーを利用するには電界を仲介にしなければなりません．この電界と磁界の相互関係が次章のテーマである**電磁誘導**です．磁界のもつエネルギーを計算するには電磁誘導が必要なのです．

▶▶▷　演習問題　◁◀◀

2.1　出力電力 $P = 30$ W の電源がある．電源電圧 $V = 15$ V のとき，取り出せる電流 I を求めよ．また，この電源を使ってモーターを動かし，$W = 1.2$ kJ の仕事をするのに必要な時間 t を求め，この時間内に流れていった電荷量 Q を計算せよ．

2.2　地磁気 (約 3×10^{-5} T) の 10^3 倍の磁束密度を発生する電磁石を作りたい．使用する電源の出力電流を $I = 1$ A，ソレノイドコイルの長さを $l = 5$ cm とするとき，ソレノイドコイルの巻き数 N はいくらにすればよいか．

2.3　半径 a [m] の直線導体棒の周りを，中心を同じにした半径 b [m] の導体円筒で囲った同軸ケーブルがある．内側の導体棒に電流 I [A] を流し，外側の導体円筒に同じ大きさで逆向きの電流を流した．導体棒や導体円筒には一様に電流が流れるとして，このときの磁束密度 $B(r)$ を中心からの距離 r の関数として求め，グラフに描け．ただし，同軸ケーブルは非常に長いとし，円筒の導体の厚みは無視できるとする．また，導体棒と円筒の間は真空とする．

2.4　平板導体の外側に，一様磁界 B [T] が導体表面に平行に存在し，導体内部の磁界が 0 のとき，導体表面には導体を押す方向に力がかかることを示せ．また，このとき導体表面の

単位面積あたりにかかる力を計算せよ．

2.5 長さ l [m] の線分電流がある．その中点から線分に垂直に距離 R [m] 離れた点に作る磁界を計算せよ．それを用いて，1 辺 a [m] の正方形のコイルに，電流 I [A] が流れているときの正方形の中心点の磁束密度 B [T] を計算せよ．

Wide Scope 2　磁束には節がある

2.6 節で，アンペールの法則を一般化するときに，磁束密度に長さを掛けた値 (周回積分) N_b が出てきました．この値を図形的にイメージするには，磁束が単なる曲線ではなく，図 2.26 のように竹のような節 (ふし) をもつ曲線であると考えればよいと思います．節の間隔は磁束密度 B [T] で決まっていて，$1/B$ [m] ごとに一つの節があり，磁界が強いときには節の間隔が短く，弱いときには長くなります．磁束密度が一定のとき，長さ l [m] の磁束には $N_b = Bl$ 個の節があるのですから，式 (2.32) は，直線電流の周りの磁束の節の数が半径 r に関係なく直線電流の強さ I で決まっていると解釈することができます．電流は磁束の本数を決めるのではなく，磁束の節の数を決めるのです．

図 2.26　磁束の節の間隔と磁束密度

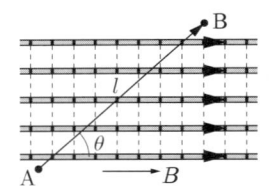

図 2.27　斜めに進むときの節の数え方

さて，磁束の節は磁束ごとに独立して存在するのではなく，真空中で隣り合う磁束との間では磁束に垂直につながっていると定義すれば，磁束とは無関係の曲線に沿って節を数えることも考えられます．ただし，単に節を数えるのではなく，曲線上を一定方向に移動しながら，節を磁束の方向に通過するときは $+1$ 個，磁束と逆向きに通過するときは -1 個と数えます．磁束に垂直に移動するときには通過する節の数は 0 です．

たとえば，図 2.27 のように，磁束に対して角度 θ で点 A から点 B へ l [m] 移動すると，通過した節の数は $N_{AB} = Bl\cos\theta$ 個になります．これが，式 (2.33) です．節の数え方に正負があるので，この式は θ が 90° を越えても成り立ちます．たとえば，図の移動を逆にたどれば，通過した節の数は同じ個数で負になります．

この磁束の節を使うと，アンペールの法則は以下のように表現することができます．

**磁束の節を数えながらある閉じた曲線を 1 周したとき，
通過した節の数はその曲線を縁とする面を垂直に貫く電流の合計の μ_0 倍に等しい．**

磁束と同様に，電気力線にも節があると考えられます．静電界の場合，電界強度×長さは

電位ですから，節とは一定の電位差ごとに付けた印のことです．よって，電気力線の節を横につないだものは等電位面になります．磁界の場合，電流を囲むように1周したときの周回積分は0にならないので，一般には等磁位面のようなものは定義できません．そこで"節"というイメージで表しました．

　次章で述べる電磁誘導電界は，静電界と違って周回積分が0にならないので，電位が定義できないのですが，電界の周回積分が点電荷に与えるエネルギーと関連しているので，"起電力"という名称で表現されています．しかし，電気力線にも節があって，起電力とは電気力線を1周したときの節の数だと考えれば，電磁気学の基本法則もイメージしやすいのではないでしょうか．

第3章
電磁誘導

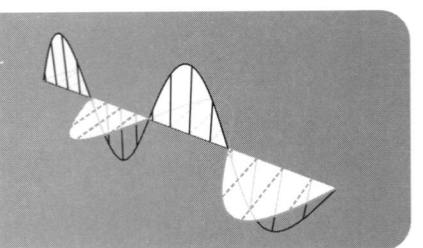

　第1章では電荷と電界による電気の話をし，第2章では電流と磁界による磁気の話をしました．ここまでは"電磁気学"といっても，"電気学"と"磁気学"に分かれていたといえます[1]．

　1831年に，ファラデー (M. Faraday) が重要な発見をしました．彼は図3.1のように2個のコイルを近くにおき，片方のコイル(コイル1)に電池とスイッチを，もう片方のコイル(コイル2)に検流計をつないで実験をしていたところ，あるときコイル1のスイッチを入れた瞬間と切った瞬間だけ，コイル2に電流が流れることに気がついたのです．スイッチを入れたままにしてコイル1に電流を流し続けているときには，コイル2には電流が流れませんでした．

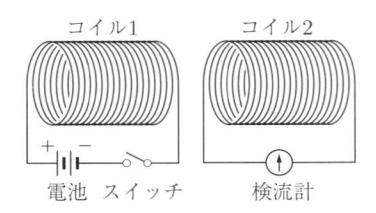

図 3.1　ファラデーによる電磁誘導実験の概念図

　電流を流し続けているときは何も起こらないのに，電流を入れたり切ったりした瞬間だけ離れたコイルに電流が流れるというこの現象は，最終的に電流が作る磁束の変化に応じて起電力が生じるという現象としてまとめられました．これを**ファラデーの電磁誘導現象**，あるいは単に**電磁誘導**といいます．

　電磁誘導は，それまで別だった電気と磁気を結びつける重要な発見でした．この

---
[1] これを聞いて"電流を流すには電源が必要で，電源は電界の発生装置だから，磁界を作るには電界が必要ではないのか？"という疑問をもつかもしれません．しかし，電流を流し続けるのに電源が必要なのは電気抵抗があるからです．電気抵抗が0の物質，超伝導体を使えば，電源がなくても電流を流し続けることができます．電界なしで磁界を作ることは可能なのです．

後，マクスウェル (J. C. Maxwell) がファラデーの発見から発展させて，電磁界理論を完成させます．本章では，単に電磁誘導を説明するだけではなく，電磁気学における電磁誘導現象の意義を説明します．

3.1 電磁誘導現象

電磁誘導とは次のような現象です．
(1) コイルに電流計がつながっているとき，図 3.2 のようにコイルに磁石を近づけると電流が流れる．磁石を遠ざけても電流が流れる．
(2) 磁石が止まっているときには電流は流れない．
(3) 近づけたときと，遠ざけたときの電流の向きは逆である．図 3.2 は N 極を近づけたり遠ざけたりした場合であるが，これを S 極で行うとそれぞれの電流の向きは逆になる．

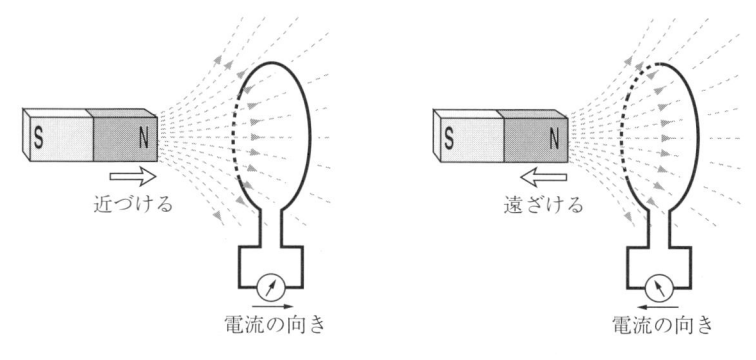

(a) N 極を近づけたとき　　(b) N 極を遠ざけたとき

図 3.2　一巻きコイルに磁石を近づけたときと遠ざけたとき

ファラデーは，電磁誘導現象を実験で調べて定量的な法則にまとめました．これを**ファラデーの電磁誘導の法則**，あるいは単に**電磁誘導の法則**といいます．これを電磁気学の言葉で正確に表現しましょう．図 3.2 のように，導線で輪を作っただけの**一巻きコイル**を考えます．磁石から出る磁束は磁石から離れるにつれて広がるため，磁石を近づけるとコイルを貫く磁束が増加し，磁石を遠ざけるとコイルを貫く磁束が減少します．磁石を近づけたり遠ざけたりするという動作に反応して現象が起こるのは，コイルを貫く磁束の大きさではなく，磁束の時間変化に応じて現象が起こることを意味します[2]．

---

[2] このため，磁石のかわりに別のコイルを近くにおいて，そのコイルに流す電流を変化させることで貫く磁束を変化させても同じ現象が起こります．これがファラデーの実験です．

電磁誘導では，コイルを貫く磁束に時間変化があるとコイルに電流が流れます．磁束が変化していないときは電流が流れないのですから，コイル内の電荷は止まっていて，磁束が変化すると止まっている電荷が動き出すことになります．これは，電荷を動かそうとする力がコイルに沿って発生しているためです．力がはたらいて電流が流れる，すなわち電荷が移動すれば，電荷に仕事を与えます．この仕事が磁束の変化で決まるというのが電磁誘導です．ファラデーの実験により最終的にまとめられた電磁誘導の法則は，以下のようになります．

空間に置かれた面を貫く磁束が時間的に変化するとき，
面の周囲(縁)に沿って発生する起電力は面を貫く磁束の時間変化率に等しい．

ここで，**起電力**とは，1 C の電荷が面の縁を一周したときに受ける仕事のことです．名前に"力"が入っていますが，力そのものではありません．1 C あたりの仕事ですから，電圧と同じ V(ボルト) の単位を持っています．

また，時間変化率とは，単位時間あたりの変化量です．たとえば，時刻 t_1 [s] のときに磁束が Φ_1 [Wb] であったのが，時間が経過して時刻 t_2 [s] で Φ_2 [Wb] に変化したとすると，磁束の時間変化率は，

$$\frac{\Delta \Phi}{\Delta t} = \frac{\Phi_2 - \Phi_1}{t_2 - t_1} \tag{3.1}$$

となります．磁束の変化で生じる起電力 V_e [V] の大きさがこの時間変化率に等しいのですから，電圧の単位 V と磁束の単位 Wb の間には，1 V = 1 Wb/s という関係があることがわかります．

さて，電磁誘導により発生する起電力は，図 3.2 のように磁石を近づけたときと遠ざけたときとで向きが違います．起電力によりコイルに電流が流れると，それ自体が磁界を作りますが，起電力の向きはこのコイルに流れる電流が作る磁界の向きを使って，次のように表現できます．

電磁誘導により発生する起電力の方向に電流が流れると，
その電流が作る磁束は，面を貫く磁束の変化を妨げようとする．

図 3.2 のように，コイルのほうに N 極を向けた磁石を近づけて磁束を増加させようとすると，それを妨げるために逆向きの磁束を作ろうとします．このため，磁石のほうに N 極を向けるような電流を流します (図 3.2(a))．磁石を遠ざけて磁束を減少させようとすると，それを妨げるために同じ方向の磁束を作って補なおうとするので，磁石のほうに S 極を向けるような電流を流します (図 3.2(b))．コイルに向けた磁極が S 極の場合にはこれが逆になります．この向きに関する性質は，**レンツの法則**とよばれています．

3.1 電磁誘導現象

　レンツの法則を含めて電磁誘導を式で表すには，磁束が貫く面の向きと起電力が発生する面の縁の向きの関係を決めておく必要があります．アンペールの法則の説明 (2.6 節) でも述べましたが，図 3.3 のような縁のある面においては，"面の向き" を面に垂直な方向で指定し，縁の向きを面の方向に対して**右ねじの方向**にするのが基本です．面の方向とその縁の方向を右ねじの方向にすることは数学的な定義であり，実際に起こる物理現象とは無関係です．形状で定義すれば，方向の指定で迷うことはありません．

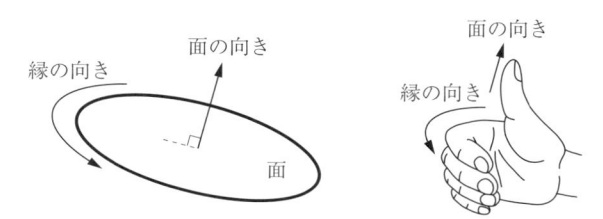

図 3.3 面の向きと縁の向きの決め方 (右ねじの方向)

　レンツの法則によれば，磁束の増加を妨げる方向に電流を流そうとするのですから，磁束の向きを面の方向にすれば，磁束が増加するときに電流は右ねじとは逆向きに流れようとします．そこで，磁束に対して右ねじ方向に測った起電力 V_e [V] で電磁誘導の法則を表すと，

$$V_e = -\frac{\Phi_2 - \Phi_1}{t_2 - t_1} \tag{3.2}$$

となります．磁束の変化が一定でないときには，時間変化率は時間微分で表され，

$$V_e = -\frac{d\Phi}{dt} \tag{3.3}$$

となります[3]．これが電磁誘導の法則を表す式です．

例題 3.1 ◆　一巻きコイルを $\Phi = 30$ Wb の磁束が貫いている．この磁束が 0.2 秒間で 0 となったとき，コイルに発生した起電力 V_e を計算せよ．

解答●　$V_e = -\dfrac{\Delta \Phi}{\Delta t} = -\dfrac{0 - 30}{0.2 - 0} = 150$ V

---

[3] 変化率と微分の関係は付録 A を参照してください．

3.2 起電力と電磁誘導電界

電磁誘導とは，磁束の変化に応じて起電力が生じる現象です．起電力とは，面の縁のような閉じた曲線に沿って1Cの電荷を1周させたときに与える仕事量のことでした．電荷に仕事を与えるということは，移動方向を向いた電界が発生し，これによって電荷に力がはたらくことを示しています．この磁界の変化によって生じる電界を**電磁誘導電界**といいます．たとえば，N極を円形コイルに近づけると図3.4の$\boldsymbol{E}$のベクトルのように円周に接した方向に電磁誘導電界ができます．

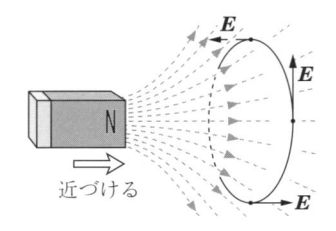

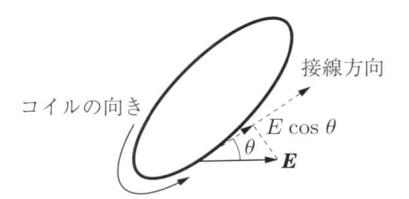

図 3.4　電磁誘導電界　　　図 3.5　コイルと電界が角度をもつと

図3.4のように，電磁誘導電界がつねにコイルに接する方向を向き，一定の強さE [V/m] をもつときの起電力V_e [V] は，電界強度Eにコイルの周長l [m] を掛けて，

$$V_e = El \tag{3.4}$$

と計算することができます[4]．もし，図3.5のようにコイルの接線方向と角度θをもつときは，$\cos\theta$を掛けて接線方向成分で計算します．

$$V_e = El\cos\theta \tag{3.5}$$

電磁誘導電界は，第1章で説明した電荷が作る電界，静電界と発生原理は異なりますが，電界強度がE [V/m] の点におかれた点電荷Q [C] に力$F=QE$ [N] を加える，という性質は同じです．力を受ける電荷にとっては，静電界と電磁誘導電界の区別はありません．しかし，静電界と電磁誘導電界の発生原理の違いには重要な意味があります．電界中を電荷が移動したときに得る仕事の源，エネルギー源が違うのです．

静電界中を電荷が移動したときのエネルギー源は，1.12節で説明した電界エネルギーです．つまり，空間に蓄えられたエネルギーを消費します．たとえば，平行平板電荷が作る静電界中で，正電荷が移動して仕事を得るには，負電荷板のほうに移動する必要があります．これは正電荷板の一部を負電荷板に移動して，それぞれの電荷量

---

[4] 式 (3.4) を，レンツの法則を含んだ式 (3.3) に代入してEを計算するときは，Eの正負で決まる向きに注意してください．

を小さくしたことに相当しますから,移動後は電界が弱くなります.このとき,減少した電界エネルギーが移動した電荷に与えられたのです.よって,蓄えられた電界エネルギーをすべて消費したら,それ以上は何もできません.すべて消費するということは,電荷板に電荷がなくなるということです.この状態から再び正電荷と負電荷を分離して元の静電界に戻すには,別の力が必要です.

これに対し,電磁誘導電界から得る仕事は磁界の変化によるものです.レンツの法則によれば,コイルに磁石を近づけると電流が流れてそれを妨げるような磁界を作るのですから,コイルを磁石に近づけるには力が必要です.磁石に力を加えてする仕事は外部から与えることができるので,電磁誘導を使えば外部エネルギーを電気エネルギーに変換することができます.これが**発電**です.電磁誘導電界を使えば正電荷と負電荷を分離することも可能です.静電界での電荷移動は電気エネルギーの消費ですが,電磁誘導電界での電荷移動は電気エネルギーの生成なのです.

こう考えると,起電力は電池(電源)の電圧に相当することがわかります.これに対し,電位差によって電荷に仕事を与えて消費するのは電気回路でいう**負荷**になります.たとえば,図3.6のような電球が負荷です.

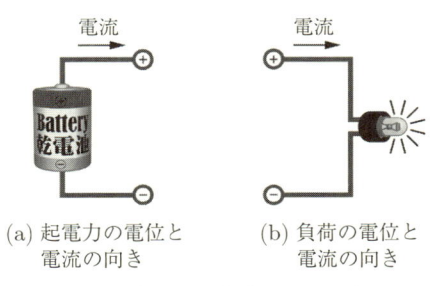

(a) 起電力の電位と電流の向き

(b) 負荷の電位と電流の向き

図 **3.6** 起電力と負荷の電圧の違い

電気回路における電源電圧(起電力)と負荷両端の電圧の違いは,電位の高さに対する電流の向きに現れます.図3.6(a)のように,電池の場合は電位の高いプラス側から電流が流れ出ていきます.これに対し,図(b)のように負荷の場合はプラス側から電流が流れ込んできます.この流れの向きはエネルギーの流れと関係があるのですが,詳しくは3.6節で説明します.

電磁誘導電界を用いれば,電磁誘導の法則は以下のように定式化されます.式(3.5)は電位差の公式(1.67)と同じ形をしているので,一般的に,任意の閉曲線Cを一周したときの起電力V_e [V] は,電界ベクトル$\boldsymbol{E}$ [V/m] の周回積分で表すことができます.

$$V_e = \oint_{(C)} \boldsymbol{E} \cdot d\boldsymbol{l} \tag{3.6}$$

図 3.7 のように,閉曲線 C が囲む面を S とすると,これを貫く磁束 Φ [Wb] は,2.2 節で述べたように面積分で表すことができます.

$$\Phi = \int_S \boldsymbol{B} \cdot \boldsymbol{n}\, dS \tag{3.7}$$

ここで,面 S の単位法線ベクトル $\boldsymbol{n}$ は C の向きに対して右ねじの方向にとります.

式 (3.6) と式 (3.7) を使えば,電磁誘導の法則 (式 (3.3)) は

$$\oint_{(C)} \boldsymbol{E} \cdot d\boldsymbol{l} = -\frac{d}{dt}\int_S \boldsymbol{B} \cdot \boldsymbol{n}\, dS \tag{3.8}$$

と表されます.これが積分形の電磁誘導の法則です[5].電磁誘導電界は,周回積分が 0 にならないので,空間各点で一意に決まる電位を定義することはできません.

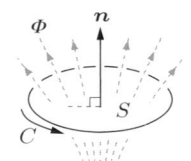

図 3.7 面を貫く磁束

さて,ここまでの説明では $\boldsymbol{E}$ が電磁誘導電界であると仮定していました.しかし,静電界を $\boldsymbol{E}_S$ とすれば,式 (1.74) より $\oint_{(C)} \boldsymbol{E}_S \cdot d\boldsymbol{l} = 0$ であり,電磁誘導電界を $\boldsymbol{E}_M$ とすれば,式 (3.8) の $\boldsymbol{E}$ を $\boldsymbol{E}_M$ で置き換えた式が成り立つのですから,両者を加えると

$$\oint_{(C)} \boldsymbol{E}_S \cdot d\boldsymbol{l} + \oint_{(C)} \boldsymbol{E}_M \cdot d\boldsymbol{l} = \oint_{(C)} (\boldsymbol{E}_S + \boldsymbol{E}_M) \cdot d\boldsymbol{l} = -\frac{d}{dt}\int_S \boldsymbol{B} \cdot \boldsymbol{n}\, dS \tag{3.9}$$

となります.$\boldsymbol{E}_S + \boldsymbol{E}_M$ を改めて $\boldsymbol{E}$ とおけば,再び式 (3.8) になります.すなわち,式 (3.8) は電磁誘導の法則だけではなく,静電界が満足する周回積分 0 の法則も含んでいます.

例題 3.2 ◆ 半径 $r = 30$ cm の一巻き円形コイルに電磁誘導によって,$V_e = 150$ V の起電力が発生した.コイルに沿って発生した電磁誘導電界 E を計算せよ.

解答 ● $V_e = El$ より $E = \dfrac{V_e}{l} = \dfrac{V_e}{2\pi r} = \dfrac{150}{2\pi \times 0.3} = 79.6$ V/m

---

[5] これも積分形のマクスウェル方程式の一つです.

3.3 磁界中を運動する導体棒

電磁誘導でコイルに発生する起電力を利用すれば**発電機**となり，これに負荷を接続すれば発生した電気エネルギーを利用することができます．磁束を無限に増加し続けることはできないので，通常は磁石を近づけたり遠ざけたりすることを交互に繰り返して交流を発生させます[6]．しかし，多くの交流発電機では磁石を動かすかわりに，磁石を固定してコイルのほうを動かす仕組みになっています．たとえば，図 3.8 のように B [T] の一様磁界中にある長方形コイルが磁界に垂直な回転軸で回転しているときに発生する起電力を計算してみましょう．

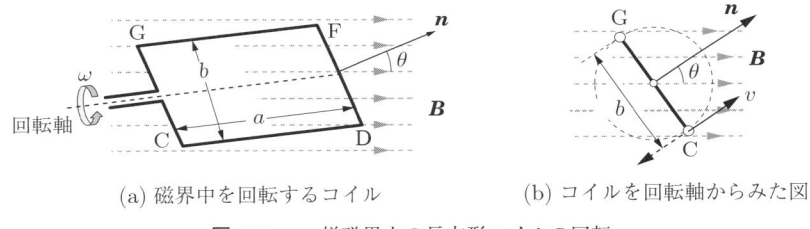

(a) 磁界中を回転するコイル　　(b) コイルを回転軸からみた図

図 3.8　一様磁界中の長方形コイルの回転

長方形は，回転軸に平行な辺の長さが a [m]，垂直な辺の長さが b [m] とします．長方形の面の方向 (図の n 方向) と磁束のなす角を θ とし，コイルが角速度 ω [rad/s] で回転しているとすると，時刻 t [s] での角度は $\theta = \omega t$ なので，コイルを貫く磁束 Φ [Wb] は式 (2.11) より，

$$\Phi = Bab\cos\omega t \tag{3.10}$$

となります．この式を式 (3.3) に代入すると，起電力は

$$V_e = -\frac{d\Phi}{dt} = \omega Bab\sin\omega t \tag{3.11}$$

となります．これは振幅 ωBab [V]，角周波数 ω [rad/s] の交流発電機になります[7]．

さて，ここまでの計算に間違いはありません．交流発電機はこの原理で電気エネルギーを発生させています．しかし，実はこの現象は電磁誘導ではありません．電磁誘導とは磁界の変化により空間に起電力が発生することですが，この場合，磁界は一定ですからどこにも電磁誘導電界は発生していません．

---

[6] 電気的に方向が一定のものを直流，周期的に交替するものを交流といいます．電池の電圧は直流であり，家庭用コンセントの電圧は交流です．

[7] 周波数を f [Hz] とすると，$\omega = 2\pi f$ です．東日本では $f = 50$ Hz ですから $\omega = 100\pi$ [rad/s]，西日本では $f = 60$ Hz ですから $\omega = 120\pi$ [rad/s] です．

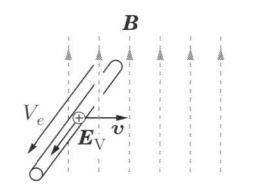

図 **3.9** 磁界中の導体棒の運動

この現象は，コイルを貫く磁束が変化して起こるのではなく，図 3.9 のように磁界中を導体棒が動いているために起こります．2.9 節で説明したように，点電荷 q [C] が磁束密度 B [T] の磁界中を速度 v [m/s] で動くと，ローレンツ力 $F = qv \times B$ [N] を受けます．導体中には自由に動くことのできる電荷が存在するので，磁界中で導体棒を動かすと，これらの電荷がローレンツ力を受けます．真空中で 3 次元的に動くことができる電荷なら，2.9 節で述べたサイクロトロン運動 (円運動) をするのですが，導体棒中では棒に沿った方向しか動けません．

このため，ローレンツ力 F は実効的に

$$E_\mathrm{V} = v \times B \ [\mathrm{V/m}] \tag{3.12}$$

の電界が図 3.9 のように導体棒に平行に存在して，この電界から点電荷が力 $F = qE_\mathrm{V}$ を受けることと等価になります．この等価電界 E_V が，電磁誘導電界と同じはたらきをするのです．もし，導体棒が磁界に垂直におかれていて，棒に対して垂直な方向に動いているとすれば，式 (3.12) で与えられる等価電界は棒に平行です．このため，棒の両端に発生する起電力 V_e [V] は，棒の長さを l [m] とすると

$$V_e = E_\mathrm{V} l = vBl \sin\theta \tag{3.13}$$

となります．ここで，θ は棒の進行方向 v と磁界 B の間の角度です．もし，垂直に移動するなら $\theta = 90°$ なので，

$$V_e = vBl \tag{3.14}$$

となります．この起電力を**磁界中を運動する導体棒に誘導される起電力**といいます[8]．

導体棒に誘導される起電力を使って，図 3.8 の長方形コイルの起電力を計算しましょう．コイルには，回転軸に平行な長さ a [m] の 2 辺 (CD と GF) と，軸に垂直な長さ b [m] の 2 辺 (CG と DF) があります．ローレンツ力は，回転方向にも磁界にも垂直に加わるので，どの辺でも回転軸の方向にかかります．このため，垂直な辺 CG と辺 DF

---

[8] 起電力の向きの覚え方にフレミングの右手則があります．これは右手を使って速度 v の向きを親指，磁界 B の向きを人差し指で指定すると，中指の向きが起電力 V_e の向きになるというものです．2.8 節の脚注で述べたフレミングの左手則と比較してみましょう．

にかかる力は辺に垂直で，導体方向に発生する起電力は 0 になります．

これに対し，回転軸に平行な辺 CD は，図 3.8(b) のように面の方向 $\boldsymbol{n}$ とつねに平行な速度で移動しているので，磁界との角度 θ を使った次式の起電力 V_1 [V] が辺に沿って発生します．

$$V_1 = vBa\sin\theta \tag{3.15}$$

辺 CD は，中心軸方向からみたとき半径 $b/2$ [m] の円運動をするのですから，速度は $v = \omega b/2$ [m/s] です．この結果，辺 CD の両端に発生する起電力は

$$V_1 = \frac{\omega Bab}{2}\sin\theta \tag{3.16}$$

となります．導体棒は，回転軸に対して対称な位置にもう 1 辺 GF があり，CD とは回転角度 θ が 180° 違うので $-V_1$ の起電力を発生します．しかし，長方形を周回する起電力で考えると同じ向きですから，合計してコイル一周の起電力は

$$V_e = 2V_1 = \omega Bab\sin\theta \; [\text{V}] \tag{3.17}$$

となります．これは，電磁誘導の法則を使って導いた式 (3.11) と一致しています．

円形コイルのように長方形以外の形をしたコイルの場合には計算が複雑になりますが，結果はやはり電磁誘導で計算したものと一致します．別の法則を使って計算した結果が一致するのは偶然ではありません．これは磁界中を導体棒が動いているときに起こる現象を，静止して観測した結果と導体棒に乗って動きながら観測した結果が等しくなることを示しているのです．

例題 3.3 ◆ 長さ $l = 3$ cm の導体棒が，磁束密度 $B = 0.3$ T の磁界中を磁界に垂直に $v = 20$ m/s の速度で移動している．導体棒に発生する等価電界 E_V と導体棒に誘導される起電力 V_e を計算せよ．

解答 ● $\boldsymbol{E}_V = \boldsymbol{v} \times \boldsymbol{B}$ より $E_V = vB\sin 90° = 20 \times 0.3 = 6$ V/m
したがって，$V_e = E_V l = 6 \times 0.03 = 0.18$ V となる．

3.4　鎖交磁束とインダクタンス

ここまで，導線が一周するだけの一巻きコイルを考えてきましたが，導線を何重にも巻くことでコイルの両端に発生する起電力を大きくすることができます．これは，一巻きあたりに発生する起電力を合計した起電力が，コイルの両端に発生するからです．

たとえば，図 3.10 のような巻き数 N のコイルを考えると，電磁誘導によって一巻

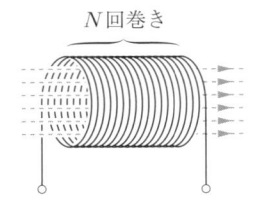

図 3.10 コイルの鎖交磁束

きあたり V_1 [V] の起電力が発生すれば，コイル両端に発生する起電力 V_e は，N 倍の NV_1 [V] になります．

$$V_e = NV_1 = -N\frac{d\Phi}{dt} \tag{3.18}$$

そこで，N 回巻いてあるコイルに生じる誘導起電力を計算するときは，断面を貫く磁束ではなく，コイルの巻数を考慮して一巻きあたりを貫く磁束の合計

$$\Phi_L = N\Phi \ [\text{Wb}] \tag{3.19}$$

を考えるほうが便利です．これを**鎖交磁束**といいます．鎖交磁束を用いれば，式 (3.18) は

$$V_e = -\frac{d\Phi_L}{dt} \tag{3.20}$$

と表すことができます．

実際には，コイルの巻いてある場所によって貫く磁束が異なるので，鎖交磁束は一巻きの磁束を単純に N 倍した値にはなりません．しかし，導線が密に巻いてあったり，5.1 節で述べる磁性体を利用してコイルを貫く磁束が一定になるようにすれば，ほぼ N 倍になります．

さて，コイルには 2 種類のはたらきがあります．一つは電流を流して磁界を作ること，もう一つは磁界の変化によって生じる起電力を利用することです．この 2 種類のはたらきの組み合わせが電気回路では重要です．そこで，コイルに流す電流 I とコイルを貫く鎖交磁束 Φ_L が比例関係にあるとき，その比例係数を**インダクタンス**といいます．インダクタンスとは，コイルに電流を流したときに作り出す磁界と，その磁界を感じるコイルとの結合の強さを示す値です．

コイルの配置によってインダクタンスは 2 種類考えられます．電流を流して磁界を作るコイルとそれに反応するコイルが同じ場合 (図 3.11(a)) を，**自己インダクタンス**といいます．コイルに電流 I [A] を流したとき，そのコイル自身を貫く鎖交磁束を Φ_L [Wb] とすると，自己インダクタンス L は

$$L = \frac{\Phi_L}{I} \tag{3.21}$$

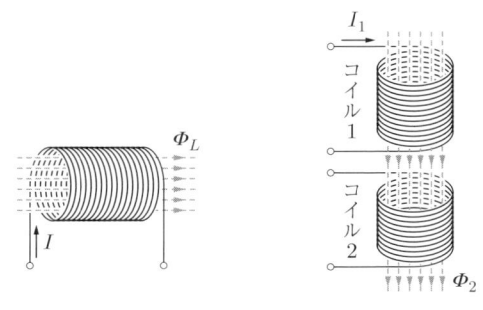

(a) 自己インダクタンス　　(b) 相互インダクタンス

図 3.11　自己インダクタンスと相互インダクタンス

で定義されます．自己インダクタンスの単位は H(ヘンリー) です．定義からわかるように，1 H = 1 Wb/A です．

これに対し，電流を流して磁界を作るコイルとそれに反応するコイルが別の場合を，**相互インダクタンス**といいます．図 (b) のように，コイル 1 に電流 I_1 [A] を流したとき，コイル 2 を貫く鎖交磁束を Φ_2 [Wb] とすると，相互インダクタンス M_{21} は，

$$M_{21} = \frac{\Phi_2}{I_1} \tag{3.22}$$

で定義されます．相互インダクタンスの単位も H です．コイル 1 とコイル 2 の立場を逆にした相互インダクタンスも考えられて，

$$M_{12} = \frac{\Phi_1}{I_2} \tag{3.23}$$

で定義されます．これはコイル 2 に電流 I_2 [A] を流したとき，コイル 1 を貫く鎖交磁束を Φ_1 [Wb] としたときの相互インダクタンスです．相互インダクタンスは対称 ($M_{21} = M_{12}$) であることが証明できるので，通常は M_{21} と M_{12} を区別せず，単に M と書きます．すなわち，

$$\Phi_2 = MI_1, \qquad \Phi_1 = MI_2 \tag{3.24}$$

です．コイル 1 の電流 I_1 とコイル 2 の電流 I_2 を同時に流すと，鎖交磁束は，自分が作る磁束ともう片方が作る磁束の合計になるので，

$$\Phi_1 = L_1 I_1 + MI_2, \qquad \Phi_2 = L_2 I_2 + MI_1 \tag{3.25}$$

となります．ここで，L_1 はコイル 1 の自己インダクタンス，L_2 はコイル 2 の自己インダクタンスです．

インダクタンスはコイルに電流を流したときに，どのように磁界ができてどのようにコイルを貫くかで決まるため，コイルの形状や配置で決まります．自己インダクタ

ンスは必ず正の値になります．なぜなら，電流が発生する磁束がコイルを貫く向きはつねに右ねじの方向だからです．これに対し，相互インダクタンスは負になることもあります．これは磁束を発生させるコイルと受けるコイルが異なるため，磁束を受けるコイルのおき方で磁束が貫く方向が変わるからです．さらに，自己インダクタンスと相互インダクタンスには，$M^2 \leq L_1 L_2$ という関係が成り立ちます[9]．

コイルに交流電流を流すと，その電流の変化に応じて発生する鎖交磁束が変化し，コイルに起電力が生じます．たとえば，自己インダクタンス L のコイルに交流電流 I を流すと，そのコイルには，

$$V_e = -L\frac{dI}{dt} \tag{3.26}$$

の起電力が生じます．この現象を**自己誘導**といいます．電気回路では，コイルを電源ではなく負荷として扱うため，図 3.6 の起電力と負荷の立場を入れ替えて，電位差 V を起電力 V_e とは逆に測ります．このため，

$$V = -V_e = L\frac{dI}{dt} \tag{3.27}$$

となります．

コイルが二つある場合には，相互インダクタンスも考慮する必要があります．

$$V_1 = L_1 \frac{dI_1}{dt} + M\frac{dI_2}{dt} \tag{3.28}$$

$$V_2 = L_2 \frac{dI_2}{dt} + M\frac{dI_1}{dt} \tag{3.29}$$

ここで，V_1, V_2 はコイル 1 とコイル 2 の両端電圧です．式よりわかるように，相互インダクタンス M によりコイル 1 の電流の変化をコイル 2 に伝えたり，その逆をすることができます．この現象を**相互誘導**といいます．

いま，コイル 1 にのみ電流を流したとすると

$$V_1 = L_1 \frac{dI_1}{dt}, \qquad V_2 = M\frac{dI_1}{dt} \tag{3.30}$$

なので，

$$\frac{V_2}{V_1} = \frac{M}{L_1} \tag{3.31}$$

となります．すなわち，コイルの両端電圧の比は相互インダクタンスと自己インダクタンスの比になります．

いくつか簡単な形状のコイルについてインダクタンスを計算してみましょう．まず，

---

[9] これは 3.5 節で証明します．

長さ l [m] の細長い N 回巻きコイルの自己インダクタンスを計算します．これに電流 I [A] を流すと，コイル内部にできる磁束密度 B [T] は，式 (2.45) より

$$B = \mu_0 \frac{NI}{l} \tag{3.32}$$

となりますから，この磁界がコイル自身を貫く鎖交磁束は

$$\Phi_L = NBS = \mu_0 \frac{N^2 IS}{l} \tag{3.33}$$

です．ここで，S [m^2] はコイルの断面積です．よって，コイルの自己インダクタンス L [H] は，

$$L = \frac{\Phi_L}{I} = \mu_0 \frac{N^2 S}{l} \tag{3.34}$$

となります[10]．もし，断面が半径 a [m] の円筒コイルであれば，

$$L = \mu_0 \pi a^2 \frac{N^2}{l} \tag{3.35}$$

となります．

式 (2.45) の脚注で述べたように，式 (3.32) の磁束密度は外部磁束の影響を無視しているので，コイルが太く短くなると実際の値からずれてきます．このため，式 (3.35) で与えられる自己インダクタンスも実際の値からずれてきます．円筒コイルでは，このずれを補正係数 K を使って次式のように表すことができます．

$$L = K \mu_0 \pi a^2 \frac{N^2}{l} \tag{3.36}$$

K を **長岡係数** といいます．代表的な長岡係数を表 3.1 に示します．表には円筒コイルの直径 $2a$ と長さ l の比に対する長岡係数が示されています．比が 0 のときが極限的に

表 **3.1** 長岡係数

$2a/l$	K	$2a/l$	K	$2a/l$	K
0	1	0.8	0.735	7	0.258
0.1	0.959	0.9	0.711	8	0.237
0.2	0.920	1	0.688	9	0.219
0.3	0.884	2	0.526	10	0.203
0.4	0.850	3	0.429	20	0.124
0.5	0.818	4	0.365	30	0.0909
0.6	0.789	5	0.320	50	0.0611
0.7	0.761	6	0.285	100	0.0350

---

[10] この式から μ_0 の単位が H/m になることを確かめてください．

細長いコイルで長岡係数は1になり，比が大きくなるほど長岡係数は小さくなります．

次に，図 3.12 のような 2 重コイルによる相互インダクタンスを計算します．内側のコイルをコイル 1 とし，断面の半径 a [m] で巻き数 N_1，外側のコイルをコイル 2 として断面の半径 b [m] で巻き数 N_2 とします．コイルは細長く，内側と外側は同じ長さで l [m] とします[11]．

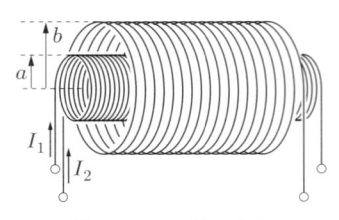

図 3.12 2 重コイル

内側のコイル 1 に電流 I_1 [A] を流すと，磁界はコイル 1 の内部にのみできますから，コイル 2 を貫く鎖交磁束 Φ_2 [Wb] は

$$\Phi_2 = N_2 B_1 S_1 = N_2 \mu_0 \pi a^2 \frac{N_1 I_1}{l} \tag{3.37}$$

です．よって，相互インダクタンスは

$$M_{21} = \frac{\Phi_2}{I_1} = \mu_0 \pi a^2 \frac{N_1 N_2}{l} \ [\text{H}] \tag{3.38}$$

となります．逆に，外側のコイル 2 に電流 I_2 [A] を流すとコイル 1 を貫く鎖交磁束 Φ_1 [Wb] は

$$\Phi_1 = N_1 B_2 S_1 = N_1 \mu_0 \pi a^2 \frac{N_2 I_2}{l} \tag{3.39}$$

ですから，相互インダクタンスは

$$M_{12} = \frac{\Phi_1}{I_2} = \mu_0 \pi a^2 \frac{N_1 N_2}{l} \ [\text{H}] \tag{3.40}$$

となります．式 (3.38) と式 (3.40) を比較すると，$M_{21} = M_{12}$ という対称性が成り立っていることが確認できます．

また，式 (3.31) を使って電圧比を計算すると

$$\frac{V_2}{V_1} = \frac{M}{L_1} = \frac{N_2}{N_1} \tag{3.41}$$

となります．この式より，2 個のコイルの巻き数比によって電圧比を調節できることがわかります．

---

[11] 図 3.12 では，わかりやすくするために内側のコイルを長めに描いてあります．

相互インダクタンスを利用したのが**変圧器**(トランス)です．変圧器は，送電線から高電圧で送られてくる電気を家庭用の電圧に下げるなど，交流電圧の変換に使われています．

例題 3.4 ◆ 自己インダクタンス $L = 100$ mH のコイルに，交流電流 $I = 10\sin(2\pi ft)$ [A] を流した．$f = 60$ Hz として発生する起電力 V_e を計算せよ．

解答 ● $V_e = -L\dfrac{dI}{dt} = -2\pi fL \times 10\cos(2\pi ft)$
$= -2\pi \times 60 \times 0.1 \times 10 \times \cos(2\pi \times 60 \times t) = -120\pi\cos(120\pi t)$ [V]

3.5 磁界エネルギー

2.10 節で電界と同様に磁界もエネルギーをもつという話をしましたが，詳細は説明しませんでした．磁界のエネルギーを説明するには電磁誘導が必要だからです．コイルで磁界を作るには電流を流さなければなりませんが，電流を流すには仕事が必要です[12]．なぜなら，電流を0の状態から増やしていくときに磁束の変化が生じ，これにより発生する起電力が，レンツの法則により電流の増加を妨げようとするからです．電流はこの起電力に逆らって，仕事を与えながら増加させる必要があります．

いま，自己インダクタンス L [H] のコイルを考えて，このコイルに流れる電流を 0 から少しずつ増加させて I [A] にするのに必要な仕事を計算します．少しずつ増やして電流が i [A] になった時点から Δt 秒間で，電流を微小量 Δi [A] 増加させたときに発生する起電力は

$$V_e = -L\frac{\Delta i}{\Delta t} \text{ [V]} \tag{3.42}$$

です．この起電力に逆らって電流 i [A] を Δt [s] 流し続けるには，$q = i\Delta t$ [C] の電荷を $V = -V_e$ [V] の電位差中で移動させる仕事 qV [J] が必要です．よって，電流を Δi 増加させるには

$$\Delta W = qV = i\Delta t \times L\frac{\Delta i}{\Delta t} = Li\Delta i \text{ [J]} \tag{3.43}$$

の仕事をする必要があります．電流 i が増えるのに比例して，電流を増やすのに必要な仕事 ΔW が大きくなるという状況は，1.12 節で電荷板に蓄えられている電荷 q

---

[12] ここで"電流を流すのに必要な仕事"とは，"電流を0の状態から増加させて所定の電流にするのに必要な仕事"のことです．一定の電流を保って流し続けるだけなら仕事は不要です．ただし，通常の電気回路で用いられる導線には電気抵抗があり，抵抗がエネルギーを消費するので，消費されるエネルギーを補わなければ電流を流し続けることができません．この抵抗に与える仕事は本節で説明する仕事とは異なります．詳細は 5.2.2 項で説明します．

を増やしていくときと同じです．よって，電流を 0 から I [A] まで増加させるには，$W = LI^2/2$ の仕事が必要になります．この仕事が，電流の流れている状態が蓄えているエネルギー U_I [J] になるので，

$$U_I = \frac{1}{2}LI^2 \tag{3.44}$$

となります．この U_I を**電流エネルギー**とよびます．電流エネルギーは，鎖交磁束 $\Phi_L = LI$ を用いて

$$U_I = \frac{1}{2}\Phi_L I \tag{3.45}$$

と書き換えることもできます．

さて，電荷板に電荷 Q と $-Q$ が蓄えられているときの静電エネルギー U_E は，式 (1.79) より $U_E = VQ/2$ でした．式 (3.45) の電流エネルギー U_I はこの静電エネルギー U_E と同じ形をしています．二つの式に現れる変数は，人為的に変えられる量 (制御変数) Q または I と，それにより決定される電界・磁界の状態量，V または Φ_L，に分類されるので，以下のように対応しています．

$$Q \Longleftrightarrow I, \quad V \Longleftrightarrow \Phi_L$$

しかし，この対応はエネルギーを計算する過程においては正しくありません．図 3.13 のように，制御変数を横軸，電磁界の状態量を縦軸にとった図で考えてみましょう．

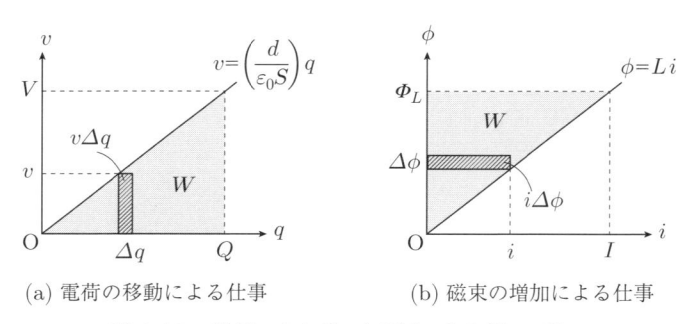

(a) 電荷の移動による仕事 (b) 磁束の増加による仕事

図 **3.13** 静電エネルギーと電流エネルギーの違い

電荷板の場合には，制御変数である電荷量 q を状態量である電位差 v に逆らって増加するときに仕事が必要なので，静電エネルギーの計算は，微小電荷量 Δq を増加させるのに必要な仕事 $v\Delta q$ の合計でした．$v\Delta q$ は，図 3.13(a) の縦向き長方形の面積です．

これに対し，コイルの場合には状態量である鎖交磁束 ϕ の増加に伴って電磁誘導起電力が生じ，これに逆らって制御変数である電流 i を流し続けるのに仕事が必要です．よって，電流エネルギーの計算は，電流を流しながら磁束を $\Delta\phi$ 増加させるのに必要

な仕事 $i\Delta\phi$ の合計になります．$i\Delta\phi$ は，図 (b) の横向き長方形の面積です．

この結果，電荷移動の場合には，図 (a) の直線の下側の三角形の面積 ($\int_0^Q v(q)dq$) が総仕事量 W を表すのに対し，コイルに流れる電流を増加させる場合には，図 (b) の直線の左側の三角形の面積 ($\int_0^{\Phi_L} i(\phi)d\phi$) が総仕事量 W を表します．図 3.13 のように制御変数と状態量の関係が直線の場合には，下側と左側の三角形の面積が等しいので，どちらで考えても同じ結果になりますが，制御変数と状態量が比例関係にない場合には，この違いを考慮して計算しなければ正しい結果が得られません[13]．

次に，2個のコイルにそれぞれ電流が流れていて相互インダクタンスが存在するときのエネルギーを計算します．2個のコイルそれぞれの自己インダクタンスを L_1 [H]，L_2 [H]，相互インダクタンスを M [H] とすると，式 (3.28) と式 (3.29) より，

$$V_1 = L_1 \frac{dI_1}{dt} + M \frac{dI_2}{dt} \tag{3.46}$$

$$V_2 = L_2 \frac{dI_2}{dt} + M \frac{dI_1}{dt} \tag{3.47}$$

です．まず，コイル 2 の電流が 0 の状態で，コイル 1 に流れる電流を 0 から I_1 [A] まで増加させると，コイル 1 が単独に存在するのと同じですから，

$$U_1 = \frac{1}{2} L_1 I_1^2 \text{ [J]} \tag{3.48}$$

の仕事が必要です．次に，コイル 1 の電流 I_1 を保ちながら，コイル 2 の電流を 0 から I_2 [A] まで増加させるには，コイル 2 の自己インダクタンスに逆らってする仕事，

$$U_2 = \frac{1}{2} L_2 I_2^2 \text{ [J]} \tag{3.49}$$

だけではなく，コイル 1 に流れる電流 I_1 を保ちながら，コイル 2 からコイル 1 への鎖交磁束も増加させなければなりません．この相互インダクタンスによる仕事は

$$U_M = M I_1 I_2 \text{ [J]} \tag{3.50}$$

となります．これは，コイル 1 を流れている電流 I_1 が変化しないので，コイル 2 の電流を Δi_2 増加させるのに必要な仕事 $\Delta W_M = M I_1 \Delta i_2$ が，コイル 2 の電流が増えても変わらないからです．

最終的にこれらすべてを合計して，コイル 1 に流れる電流とコイル 2 に流れる電流をそれぞれ I_1 と I_2 にするのに必要な仕事は，

$$U_I = \frac{1}{2} L_1 I_1^2 + M I_1 I_2 + \frac{1}{2} L_2 I_2^2 \text{ [J]} \tag{3.51}$$

となります．式 (3.51) は，電流の増加方法を変えても変わりません．たとえば，最初

---

[13] たとえば，強磁性体を入れたコイルにヒステリシスが現れるときなどです (第 5 章の演習問題参照)．

にコイル2に電流を流してから次にコイル1に電流を流しても同じですし，コイル1と2の電流を同時に増加させても同じです．

さて，電流エネルギーは電流が流れていないときが基準なので，必ず0以上になります．

$$U_I \geqq 0 \tag{3.52}$$

式 (3.51) を変形すると，

$$U_I = \frac{1}{2}L_1 I_1^2 + M I_1 I_2 + \frac{1}{2}L_2 I_2^2 = \frac{1}{2}L_1 \left[\left(I_1 + \frac{M}{L_1} I_2\right)^2 + \frac{L_1 L_2 - M^2}{L_1^2} I_2^2\right] \tag{3.53}$$

となりますが，U_I がつねに0以上になるには，右辺の第2項が0以上，すなわち

$$L_1 L_2 - M^2 \geqq 0 \tag{3.54}$$

が成り立つことが必要です．これは自己インダクタンスと相互インダクタンスがつねに満足しなければならない条件です．$L_1 L_2 = M^2$ が成り立つときは電流エネルギーがもっとも低くなりますが，これはもっとも効率良くコイルが結合していることを意味します．そこで，$L_1 L_2 = M^2$ が成り立つときを**密結合**といいます[14]．

さて，コイルの電流が0の状態と流れている状態の違いは，図 3.14 のようにコイルを貫いている磁束の存在にあります．すなわち，電流エネルギーは磁界が保持しています．これを**磁界エネルギー**といいます．簡単のため，断面積 S [m^2]，長さ l [m]，巻き数 N の細長い円筒形コイルを考えましょう．この中には一様磁界ができますが，式 (3.44) に自己インダクタンスの公式 (式 (3.34)) を代入すると，

$$U_I = \frac{1}{2}L I^2 = \frac{1}{2}\mu_0 \frac{N^2 S}{l} I^2 \tag{3.55}$$

となります．この中で

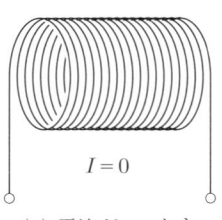

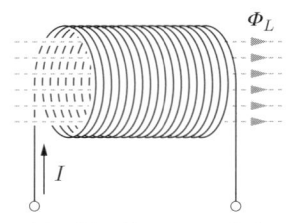

(a) 電流が0のとき　　(b) 電流が流れているとき

図 3.14　電流が0のときと流れているときの空間の違い

---

[14] 3.4 節で相互インダクタンスを計算した2重コイルが，$a = b$ のときに密結合であることを確かめてください．

$$B = \mu_0 \frac{NI}{l} \tag{3.56}$$

はコイル内部にできる磁束密度ですが,これより得られる $NI = Bl/\mu_0$ を上式に代入すると,

$$U_I = \frac{1}{2}\mu_0 \frac{(Bl/\mu_0)^2 S}{l} = \frac{B^2}{2\mu_0} Sl \tag{3.57}$$

となります.ここで,Sl [m^3] はコイル内部の体積で,磁界はコイル内部にのみ存在するのですから,磁界が存在する場所には単位体積あたり,

$$u_B = \frac{B^2}{2\mu_0} \tag{3.58}$$

のエネルギーがあることになります.u_B を**磁界エネルギー密度**といいます.単位は J/m^3 です.一般的に,磁界は場所によって変化しますが,この磁界エネルギー密度 u_B の公式は磁界が変化する場合にも適用可能です[15].

> **例題 3.5** ◆ 長さ $l = 3$ cm,断面積 $S = 1$ cm^2,自己インダクタンス $L = 100$ mH のコイルに直流電流 $I = 2$ A を流している.このとき蓄えられている電流エネルギー U_I を計算せよ.また,磁界エネルギー密度 u_B を計算せよ.
>
> **解答**● $U_I = \frac{1}{2}LI^2 = \frac{0.1 \times 2 \times 2}{2} = 0.2$ J
>
> $u_B = \frac{U_I}{Sl} = \frac{0.2}{1 \times 10^{-4} \times 3 \times 10^{-2}} = 6.67 \times 10^4$ J/m^3

3.6 電磁エネルギーの流れ

電界や磁界が存在する空間にはエネルギーが蓄えられています.電磁気学が完成する以前は,エネルギーは物体がもつもので物質が入っている空間はとくに意識されなかったのですから,電磁気学による電界や磁界の導入は,それまでの物理概念を大きく変えたといえます.

さて,電磁誘導は磁束の時間的変化に伴って起こります.磁束が変化すると磁界エネルギーが変化しますが,磁界エネルギーを増やすにはどこかから持ってこなければならないし,減らすにはどこかに持ち去らねばなりません.磁界は物質と直接エネ

---

[15] Wide Scope 1 で,電気力線 1 本あたりのエネルギーが電界強度に比例することから電気力線は張力をもつという話をしました.同様に,磁束 1 Wb のエネルギーを計算すると磁束密度に比例することがわかります.このことから,磁束も張力をもつと考えられます.確かめてみてください.

ギーをやりとりすることができないので，空間を通したエネルギーの移動が必要です．本節ではこのエネルギー移動を説明します．電磁誘導の発見は，電界と磁界による真空中でのエネルギー移動を初めて示したものです．

電磁誘導で注目すべきは，電界と磁界が共存していることです．電荷板に電荷を蓄えた状態は電界だけが存在し，抵抗のないコイルに一定の電流を流し続けている状態は磁界だけが存在します．すなわち，電界磁界が変化せずに一定の状態を保っているときには電界と磁界は独立して存在しています．ところが，電磁誘導では磁界を変化させるときに電界が伴います．この電界と磁界の共存こそがエネルギーの移動なのです．このことを簡単な例で説明しましょう．

図3.15のように，電圧 V [V] の電池を電球につないだ電気回路を考えます．この回路に流れる電流を I [A] とすると，電球で電力 $P=VI$ [W] が消費されます．電力とは，1秒間に負荷が消費するエネルギーです．このエネルギーは電池が作り出していますから，電池で発生したエネルギーはどこかを通って負荷である電球に到達し，そこで消費されるはずです．図3.15をみると，電流がエネルギーを運んでいる，すなわち導線の中をエネルギーが通っているのではないかと考えそうですが，これはちょっとおかしいのです．電流が運ぶなら，負荷から出ていく電流 (図3.15の下側導線) はエネルギーを電池のほうに戻しています．また，実際に導線内で移動するのは負電荷をもつ電子なので電流と流れが逆です．電荷の流れではエネルギーの流れはわかりません．

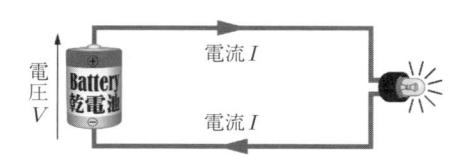

図 3.15 電気回路を流れる電流

この電気エネルギーは，導線の中ではなく，外の空間を通っています．このことを図3.16のような面電流で説明しましょう．図のように，2枚の幅 l [m] で抵抗のない導体板が距離 d [m] 離れておかれているとします．導体板の左端に電圧 V [V] の電池

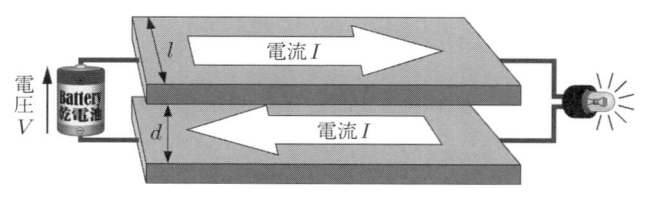

図 3.16 面電流を用いた電気回路

を接続し，右端に負荷を接続したとき，導体板内を一様に電流 I [A] が流れたとします．電圧の向きから，電位の高い上の面導体には左から右に電流が流れ，電位の低い下の面導体には右から左へ電流が流れます．これは平行面電流ですから，2.7 節で説明したように導体板間には導体板に平行に，かつ電流に垂直な磁界ができ，その磁束密度 B は式 (2.43) より，$B = \mu_0 I/l$ [T] となります．

重要なことは，2 枚の面導体の電位が違うことです．図 3.17 は図 3.16 を左側，すなわち電池側からみた断面図です．下の導体板の電位を 0 とすると上の導体板の電位は V [V] なので，導体板間には電流が作り出す磁界と同時に，図 3.17 のような下向きの電界 $E = V/d$ [V/m] ができます．

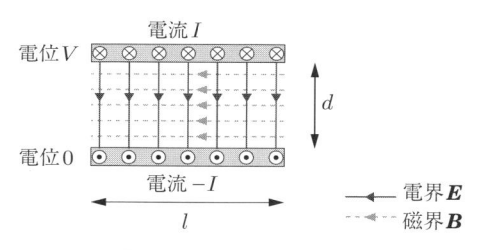

図 **3.17** 面電流の断面図

$V = Ed$ であり，面電流の B と I の関係式から $I = Bl/\mu_0$ であることを用いれば，消費電力 P [W] は

$$P = Ed\frac{Bl}{\mu_0} = \frac{EB}{\mu_0}ld \tag{3.59}$$

となります．ここで，ld [m^2] は 2 枚の導体板ではさまれた空間の断面積ですから，電磁界のエネルギーは，2 枚の導体板の間の空間を単位面積あたり 1 秒間に，

$$S = \frac{EB}{\mu_0} \tag{3.60}$$

通過することになります．これを**電磁エネルギー流れ**といいます．S は単位面積を通過する電力なので，**電力密度**といいます．単位は W/m^2 です．流れの方向は，図 3.17 では紙面に垂直で表から裏に向いています．

本節の最初の質問，"図 3.15 において，電池で発生した電気エネルギーはどこを通って負荷に到達するのか" の解答は，"図 3.18 のように導線と導線の間の空間を通過して負荷に入り，そこで消費される" です．

マクスウェル方程式を変形することで得られるエネルギー方程式から，電界と磁界が共存しているときの電磁エネルギー流れは，方向も含めて次式で表されることが示

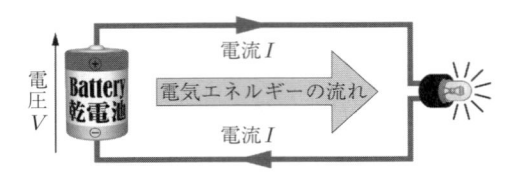

図 3.18 電気回路におけるエネルギーの流れ

されます[16]．これを**ポインティングベクトル** (Poynting vector) といいます．

$$S = \frac{E \times B}{\mu_0} \tag{3.61}$$

電界ベクトル E と磁束密度ベクトル B の外積で表されることから，ポインティングベクトルは電界と磁界の両方に垂直で，図 3.19 のような右手則で表される方向になります．ポインティングベクトルの大きさが電力密度です．

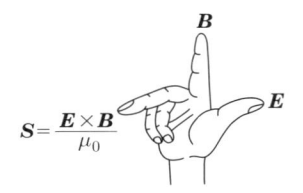

図 3.19 ポインティングベクトルの方向

この電磁エネルギーの流れは，基本的に**光の速度**で伝わります．電線を使って電力や電気信号を送る場合でも，電磁界のエネルギーが光の速度で伝わるという結果はわれわれの暮らしに重要な意味をもっています．発電所で作り出した電気エネルギーがわれわれの家に届くのは瞬時であり，有線電話も光速に近いスピードで音声情報を送ることができます．これはエネルギーが空間を伝わるからなのです．だからこそ日本とアメリカを結ぶ海底ケーブルを使った国際電話でも，市内電話と同じように会話をすることができます．もし，エネルギーを電流 (電荷) が運ぶのならば，返事が返ってくるのが遅くて使い物にならないはずです．

例題 3.6 ◆ 2枚の幅 $l = 10$ cm で抵抗のない導体板が，距離 $d = 1$ cm 離れて平行におかれている．導体板の左端に電圧 $V = 9$ V の電池を接続し，右端に負荷を接続したとき，導体板に一様に電流 $I = 0.2$ A が流れた．このとき，導体板間に発生する電界 E と磁界 B を計算せよ．また，電力密度 S を計算せよ．

....

[16) 電磁界のエネルギー方程式は 6.5 節で導きます．

解答 $E = \dfrac{V}{d} = \dfrac{9}{1 \times 10^{-2}} = 900$ V/m

また，$B = \dfrac{\mu_0 I}{l} = \dfrac{4\pi \times 10^{-7} \times 0.2}{10 \times 10^{-2}} = 8\pi \times 10^{-7}$ T

したがって，$S = \dfrac{EB}{\mu_0} = \dfrac{900 \times 8\pi \times 10^{-7}}{4\pi \times 10^{-7}} = 1800$ W/m^2

3.7 変位電流と拡張されたアンペールの法則

電磁誘導現象を電磁エネルギー流れで説明することができます．図 3.20 のようにコイルに流れる電流が増加すると，内部の磁束が増加してコイルの内側に蓄えられている磁界エネルギーが増加します．

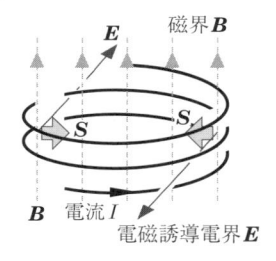

図 3.20 電磁誘導におけるエネルギー流れ

このエネルギーは真空で突然現れるのではなく，電流を増加させているのですから，コイルのほうから内側に運ばれてくると考えるのが自然です．つまり，図 3.20 の矢印 S のような電磁エネルギー流れが，コイルの導線から内部に，コイルと直角な方向に向いていると考えられます．ということは，電磁エネルギー流れを作るために，磁界にもエネルギー流れにも垂直な電界ができなければなりません．この電界が電磁誘導電界だと考えられます．

ということは，逆も考えられます．図 3.21 のような Q [C] と $-Q$ [C] の電荷をもつ平行電荷板間に生じた電界強度 E を，電荷を増やして増加させるには，電荷板間で増加する電界エネルギーを外から運んでこなければなりません．すなわち，電磁エネルギー流れがやはり図 3.21 の S のように内向きにできなければなりません．このことは磁界が図 3.21 の B のように発生することを意味します．この電界の変化に磁界が伴う作用を**変位電流**といいます．電界の時間変化が，電流のように磁界を作るはたらきをもつということからこの名前が付きました．

変位電流は磁界の連続性からも導くことができます．図 3.22 のように断面積 S [m^2] の円形の導体板を 2 枚，間隔 d [m] 離して平行におき，これに円の中心から電流 I [A]

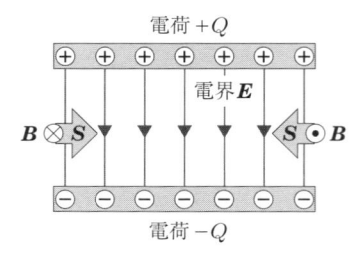

図 3.21　電界増加に伴うエネルギー流れ

を流して徐々に導体板に含まれる電荷を変化させる状況を考えます．

電流が流れ込んでいる左側の導体板は電荷量 Q [C] が増加して，式 (2.16) から $I=dQ/dt$ になります．一方，右側の導体板からは電流が流れ出していますが，同じ電流なので電荷量は $-Q$ です．よって，導体板間に生じる電界強度は $E=Q/\varepsilon_0 S$ [V/m] です．

さて，電流の流れている導体線の周囲には図 3.22 のように磁界が発生します．これに対し，導体板間には電流は流れていませんが，電流が切れた導体板の周囲だけ磁束がないというのも不自然です．ということは，図 3.22 のように導体板間にもそのまま連続して磁束が存在しているはずです．導体板間には電流は流れていませんが，"電界が時間的に変化している"という状態が存在するので，この電界の時間変化に電流と同じ作用があると考えられます．これが変位電流です．

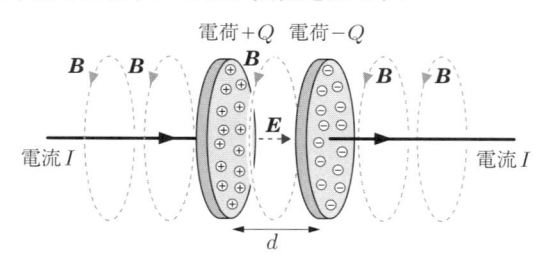

図 3.22　磁界の連続性を保つための変位電流

Q を電界強度 E について解くと $Q=\varepsilon_0 ES$ です．これを式 (2.16) に代入すると，$I=\varepsilon_0(dE/dt)S$ ですが，これは，電流 I が流れている状態と，電界強度の時間変化率に比例した右辺が同じ効果をもつことを示しています．すなわち，

$$I_\mathrm{D} = \varepsilon_0 \frac{dE}{dt} S \ [\mathrm{A}] \tag{3.62}$$

が変位電流です．ただし，式 (3.62) は電界が一様で，かつ面と電界が垂直の場合にのみ成り立つ式です．電界が一様でないときや，面と電界が垂直でないときには面積分で表されます．

3.7 変位電流と拡張されたアンペールの法則

$$I_{\mathrm{D}} = \varepsilon_0 \frac{d}{dt} \int_S \boldsymbol{E} \cdot \boldsymbol{n} \, dS \tag{3.63}$$

変位電流は，時間的に変化する電界があるところにつねに存在します．このため，アンペールの法則 (式 (2.39)) は，以下のように修正されなければなりません．

$$\oint_{(C)} \boldsymbol{B} \cdot d\boldsymbol{l} = \mu_0 (I + I_{\mathrm{D}}) \tag{3.64}$$

これを**拡張されたアンペールの法則**といいます．変位電流 I_{D} に対し，電荷が流れてできる電流 I を**真電流**または**伝導電流**といいます．

式 (3.64) に式 (3.63) を代入すると，拡張されたアンペールの法則は，

$$\oint_{(C)} \boldsymbol{B} \cdot d\boldsymbol{l} = \mu_0 \left(I + \varepsilon_0 \frac{d}{dt} \int_S \boldsymbol{E} \cdot \boldsymbol{n} \, dS \right) \tag{3.65}$$

という積分形になります[17]．ここで，磁束密度の周回積分に示された経路 C は，電界ベクトルを積分する曲面 S の縁を右ねじ方向に一周した閉曲線です．

変位電流に含まれている $\int_S \boldsymbol{E} \cdot \boldsymbol{n} \, dS$ は曲面を貫く電気力線数ですから，磁界は電気力線数の時間変化によっても生成されることになります．式 (3.65) を式 (3.8) と比べると，真電流の存在を除けば電界と磁界に対称性があることがわかります．

電磁気学の法則を体系化したのはマクスウェルですが，マクスウェルはそれまでに発見されていた電磁気学の法則だけでは不完全であることに気づき，これを補うために変位電流を導入しました．すなわち，変位電流は実験で発見されたのではなく，理論的に存在が予測されたものだったのです．この変位電流導入の最大の意義は，**電磁波**の存在を予言したことです．電磁波とは，電気と磁気が相互にやりとりしながら真空中を伝わっていく波のことで，詳しくは第 6 章で説明します．

しかし，変位電流まで説明したので，ここで一つだけその結論から得られる電磁波の性質を紹介します．それは電磁波の伝わる速さです．電磁波の速さはマクスウェルの予言では

$$c = \frac{1}{\sqrt{\varepsilon_0 \mu_0}} \tag{3.66}$$

となりました[18]．つまり，真空の誘電率と透磁率で表されます[19]．

---

[17] これも積分形のマクスウェル方程式の一つです．マクスウェル方程式はここまで述べてきた四つの方程式から成り立っていて，この四つの方程式ですべての電磁気現象を表すことができます．詳しくは第 6 章で述べます．

[18] 式 (3.65) の積分の係数に $\varepsilon_0 \mu_0$ が現れているところがポイントです．この式は 6.6 節で証明します．

[19] 真空中の光の速度は物理学における基本定数の一つです．現在では光の速度は $c = 299\,792\,458$ m/s と定義されていて，有効数字の桁数は無限大です．真空の透磁率 μ_0 は $4\pi \times 10^{-7}$ で，これも定義値ですから，真空の誘電率 ε_0 も有効数字の桁数は無限大になります．

マクスウェルは，当時すでに測定されていたこの2個の定数を使って電磁波の速度を計算したところ，これも当時測定されていた光の速度に近いことに気づきました．そこで光は電磁波であると結論づけたのです．これは大発見でした．光と同じ性質をもつ波が電気の力で作り出せることを示したのです．

それから電磁波の発生実験が開始され，最終的に実験で証明したのがヘルツ (H. R. Hertz) です．これはマクスウェルの予言 (1861年) から27年後の1888年のことでした．ところが，その7年後の1895年には早くもこの電磁波を使ってマルコーニ (G. M. Marconi) が電信実験，つまり電磁波を使って通信をする実験を行っています．その後100年，電磁波，電波の技術は進化して皆さんが一人一台携帯電話を持ち歩く時代になったのです．

例題3.7 ◆ 面積 $S = 20 \text{ cm}^2$ の2枚の平板電極が，距離 $d = 1 \text{ cm}$ 離れて平行におかれている．出力電圧 $V = 100 \text{ V}$ の電源を接続し，スイッチを入れたところ，1 ms で電極間の電位差が 100 V になった．この間に電極間に発生した変位電流を計算せよ．

解答● 最終的な電界強度は $E = \dfrac{V}{d} = \dfrac{100}{1 \times 10^{-2}} = 1 \times 10^4$ V/m であるから，

$$I_D = \varepsilon_0 \frac{\Delta E}{\Delta t} S = 8.85 \times 10^{-12} \times \frac{1 \times 10^4 - 0}{1 \times 10^{-3} - 0} \times 20 \times 10^{-4} = 1.77 \times 10^{-7} \text{ A}$$

なお，導体板の静電容量 $C = \dfrac{\varepsilon_0 S}{d} = \dfrac{8.85 \times 10^{-12} \times 20 \times 10^{-4}}{1 \times 10^{-2}} = 1.77 \times 10^{-12}$ F を使って

$$I = C \frac{\Delta V}{\Delta t} = 1.77 \times 10^{-12} \times \frac{100 - 0}{1 \times 10^{-3} - 0} = 1.77 \times 10^{-7} \text{ A}$$

と計算することもできる．これは，変位電流が回路に流れる電流と一致しているためである．

▶▶▷ 演習問題 ◁◀◀

3.1 磁束密度 $B = 0.01$ T の磁界中で，面積 $S = 10 \text{ cm}^2$ の一巻きコイルを磁界に垂直な回転軸の周りに角速度 $\omega = 120\pi$ [rad/s] で回転させた．コイルに発生する誘導起電力 V_e [V] を計算せよ．

3.2 半径 $a = 2$ cm，長さ $l = 10$ cm，巻き数 $N = 100$ の円筒ソレノイドコイルがある．表3.1を使ってこのコイルの長岡係数 K を求め，このコイルの自己インダクタンス L を計算せよ．

3.3 外半径 a [m] の導体線の周りを，内半径 b [m] の円筒導体で囲まれている同軸ケーブルがある．導体線と円筒導体の中心線は共通である．導体線と円筒導体の電位差を V [V] に

保つと，導体線に I [A] の電流が，また，円筒導体には逆向きに I [A] の電流が流れた．このとき，消費電力 $P = VI$ [W] が，円筒断面の空間を通過する電力密度 EB/μ_0 から計算できることを示せ．

3.4 磁束密度 B [T] の一様磁界中で，電荷量 q [C]，質量 m [kg] の荷電粒子が磁界に垂直に速度 v [m/s] で円運動しているとき，磁束密度 B がゆっくり増加すると荷電粒子の速度 v も増加することを示せ．さらに，運動エネルギーと磁束密度の比がほぼ一定に保たれることを示せ．

3.5 磁束密度 B [T] の一様な磁界中で，長さ l [m] の導体棒がその一端を固定しながら磁界に垂直に角速度 ω [rad/s] で回転している．このとき，棒の両端に生じる起電力 V_e [V] を計算せよ．

3.6 ある物理量の単位体積あたりの量 (体積密度) を ρ とし，それが速さ v で流れているとき，その物理量が単位時間に単位面積あたりを垂直に通過する流れの量 f は $f = \rho v$ で表される．この関係を電磁エネルギー流れに適用して，図 3.16 で示した面電流における電磁エネルギー流れの速さを計算せよ．さらにその速さに上限があることを示せ．

Wide Scope 3 　変位電流における電磁エネルギー流れ

変位電流の公式 (3.62) を電磁エネルギー流れから求めてみましょう．

図 3.23 のように，半径 a [m] の導体円板 2 枚を平行において，これに電流を流して徐々に導体円板の電荷を変化させるという状況を考えます．導体円板の間隔を d [m] とします．

導体円板間の電界の強さを E [V/m] とすると，導体円板間の体積は $\pi a^2 d$ [m^3] なので，電界エネルギーの総量は $\varepsilon_0 E^2 \pi a^2 d / 2$ [J] です．電荷が増加すると，この電界エネルギーが時間的に変化しますが，単位時間あたりのエネルギー増加量は電界エネルギーを時間で微分することで得られます．すなわち，

$$P = \frac{d}{dt}\left\{\frac{1}{2}\varepsilon_0 E^2 (\pi a^2 d)\right\} = \varepsilon_0 E \frac{dE}{dt}(\pi a^2 d) \tag{3.67}$$

となります．これに対し，2 枚の導体円板間で中心から半径 a のところにできる磁束密度を B [T] とすると，そこに発生する電力密度は $S = EB/\mu_0$ ですから，2 枚の導体円板ではさまれた円筒空間の側面から中央に向かう電磁エネルギー流れは，

$$P = \frac{EB}{\mu_0}(2\pi a d) \tag{3.68}$$

になります．ここで，$2\pi a d$ [m^2] は導体円板間の円筒の側面積です．

さて，エネルギー保存則から式 (3.67) の P と式 (3.68) の P は等しくなければなりません．

$$P = \varepsilon_0 E \frac{dE}{dt}(\pi a^2 d) = \frac{EB}{\mu_0}(2\pi a d) \tag{3.69}$$

この式を B について解けば，

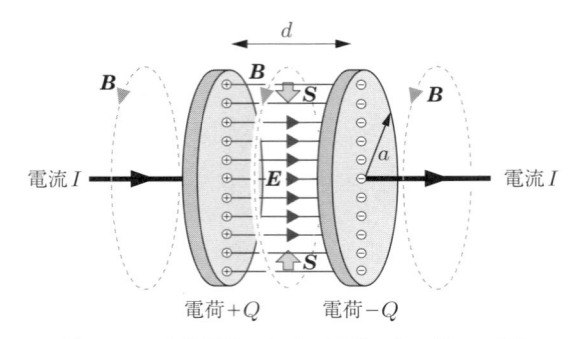

図 **3.23** 変位電流における電磁エネルギーの流れ

$$B = \frac{\varepsilon_0 E \dfrac{dE}{dt}(\pi a^2 d)}{\dfrac{E}{\mu_0}(2\pi a d)} = \mu_0 \frac{\varepsilon_0 \dfrac{dE}{dt}(\pi a^2)}{2\pi a} \tag{3.70}$$

となります．この式を電流 I の直線電流から距離 a の点にできる磁束密度 $B = \mu_0 I/2\pi a$ と比べると，

$$I_\mathrm{D} = \varepsilon_0 \frac{dE}{dt}(\pi a^2) \tag{3.71}$$

という電流が流れているのと同じ効果をもつことがわかります．πa^2 [m^2] は導体円板の面積なので，式 (3.71) は変位電流の公式 (3.62) と一致しています．

このように，変位電流は電磁エネルギー流れで考えることができます．同様に，電磁エネルギー流れを使って電磁誘導の法則を導くこともできますが，これは読者の皆さんにおまかせしましょう．

第4章 電界中の物質

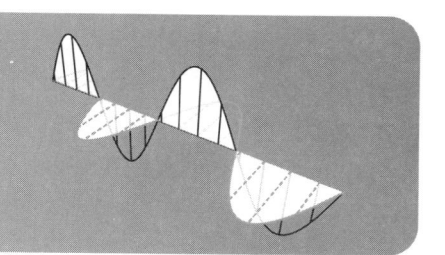

　私たちの周りにある物質は微小な電荷によって構成されています．これまで，電磁気学の基本法則を説明するときには電界から電荷が力を受ける作用と電荷が電界を作る作用とを分けていましたが，物質に含まれる大量の電荷が同時に電界に反応する現象を考えるときには，この二つの作用を複合しなければなりません．

　たとえば，物質を電界中におくと物質内部の微小電荷が力を受けて移動しますが，電界に反応した正電荷と負電荷は逆向きの力を受けるのですから，両者は分離します．ところが，分離した正電荷と負電荷が大量に存在すると，それが作る電界が元の電界に匹敵する大きさになるため，電界中に物質をおいたときの電界は元の電界と物質中の電荷が作る電界の重ね合わせになります．

　このとき，物質内部の電荷はこの重ね合わせた電界に反応して移動するのですから，最終的な電荷の移動先は外部から加えた電界だけで決まるのではなく，自ら作り出した電界を含めた合計の電界で決まります．このように，物質の内部状態が外部から加えた電磁界とそれに応じて内部に生じた電磁界の和で最終的に決まることを**セルフコンシステント**といいます．

　本章では，物質を電界中におくとどのように反応して，物質内部・外部のセルフコンシステントな電界がどのように決定されるかを説明し，物質を含んだ電界の計算方法について説明します．

4.1　物質の構成要素

　すべての物質は，非常に小さい粒子，**原子**によって作られています．原子は原子番号という数字で分類され，もっとも小さい原子番号1は水素です．原子番号2はヘリウムで，われわれの体を作っている炭素は原子番号6，空気に含まれている酸素は原子番号8です．自然界に存在する原子でもっとも大きな原子番号94をもつのはプルトニウムですが，人工的にはさらに大きな原子番号をもつ原子を作ることもできます．

原子はさらに小さい粒子，**原子核**と**電子**で構成されています．原子核は正電荷をもち，電子は負電荷をもっているので互いに引き合い，図 4.1 のように原子核の周りを電子が回っている構造になっています[1]．

図 4.1　原子の構造

電子の電荷は $-e$ [C] で，e はおよそ 1.6×10^{-19} C です[2]．これに対し，原子核の電荷は原子番号で決まり，原子番号 Z の原子核の電荷は Ze [C] です[3]．よって原子が Z 個の電子をもてば，電気的に中性になります．

通常の物質は中性原子が集まって作られているので，内部の正電荷量と負電荷量は等しく，やはり電気的に中性です．しかし，物質を電界中におくと，物質内の正電荷と負電荷が逆向きの力を受けるので，両者は分離する方向に移動します．ただし，原子核は重いうえに固体中では周りの原子との結合力が強いのであまり動けません．このため，固体物質中では主として軽い電子が電界に反応して移動します．この移動の度合いによって物質は 2 種類に大別されます．

電子と原子核の結合が緩く，電界に反応した電子が物質内を自由に動き回ることができる物質を**導体**といいます．これに対し，電子と原子核の結合が強く，電界をかけても電子があまり大きく移動できない物質を**誘電体**といいます．わかりやすくいえば，導体とは電気を流す物質であり，誘電体とは電気を流さない物質です．

例題 4.1 ◆　水素原子の直径はおよそ 0.1 nm で，その原子核の直径はおよそ 10^{-6} nm である．ここで，1 nm = 10^{-9} m である．水素原子を地球の大きさ (直径およそ 13 000 km) まで拡大したとき，その原子核の直径はいくらになるか．

解答　地球の直径 D_E が 13 000 km なので，

---

[1] これは原子核が電子に比べて質量がかなり大きいためです．電子の質量はおよそ 9.11×10^{-31} kg で，原子核でもっとも軽い水素原子核は 1.67×10^{-27} kg です．原子核は電子に比べて 1800 倍以上重いことになります．
[2] これを電気素量または電荷素量といいます．現在の正確な測定値は $e = 1.6021766208 \times 10^{-19}$ C です．
[3] 原子核はさらに小さな粒子である**陽子**と**中性子**で構成されています．陽子は水素の原子核であり，e [C] の正電荷をもっています．これに対し，中性子は電荷をもっていません．原子番号とは原子核中にある陽子の個数のことです．

$$\frac{D_Z}{D_E} = \frac{d}{D}, \quad \therefore \quad D_Z = \frac{d}{D}D_E = \frac{10^{-15}}{10^{-10}} \times 1.3 \times 10^7 = 130 \text{ m}$$

原子核の重さは電子の 1800 倍以上．つまり，原子の質量はほとんど原子核の重さによって決まる．水素原子を地球の大きさまで拡大したとき，その全質量が直径 130 m の球体に集まっていることになる．

4.2　導体

2.3 節の電流の説明のときに出てきましたが，導体とは電気を流す物質の電磁気学的な用語です．金属のような固体のほか，電解質のような液体や，プラズマとよばれる気体の導体も存在します．これらに共通するのは，物質内部を自由に移動できる**自由電荷**が存在することです．固体金属なら自由電荷は負電荷である電子だけですが，電解質やプラズマでは正電荷（イオン）も自由に移動します．しかし，電磁気学的には正電荷が移動すると考えても負電荷が移動すると考えても結果は同じなので，移動可能な電荷の種類は特定しません．

4.2.1 ▶ 静電誘導

導体を電界中におくと内部の自由電荷が電界から力を受けて移動します．自由電荷は導体内部ではどこでもいけるのですが，導体から外へは出られません．これは電荷が外へ出ると残った導体が逆符号の電荷をもつため，外に出ようとする電荷を大きな力で引き戻すからです[4]．この結果，移動した自由電荷は導体の表面に集まることになります．

図 4.2 をみてください．自由電荷は図 (a) のように導体中を自由に動き回ることができるため，図 (b) のように外部から正電荷を近づけるとその電界から力を受けて移動します．そのとき，正電荷と負電荷は逆向きの力を受けるため逆方向に動きますが，導体の外には出られないため，図 (c) のように導体表面で止まります．この結果，外部の正電荷に近い導体表面に負電荷の領域が現れます．この現象を**静電誘導**といい，表面に現れる電荷を**静電誘導電荷**，または単に**誘導電荷**といいます．

静電誘導という現象は以下のようにまとめることができます．
(1) 導体表面に現れる電荷は，ある領域は正電荷が過剰になり，別の領域では負電荷が過剰になる．
(2) 外部から近づけた電荷に近い表面には，その外部電荷と逆符号の電荷が現れる．

---

[4] 実際には電界が非常に強ければ，外に飛び出して戻ってこないこともありますが，ここではそこまで強い電界は考えません．

図 4.2　導体中の電荷の移動

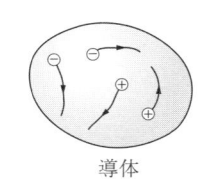

(a) 導体中では電荷が自由に動き回ることができる

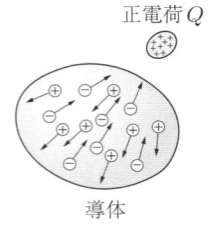

(b) 外部から電荷を近づけると導体中の電荷が動き出す

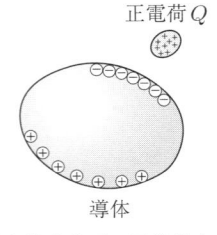

(c) 導体表面で電荷が止まる（静電誘導）

(3) 導体内部は中性のままである．

固体の導体である金属内部では自由電荷は負電荷の電子だけです．このため，図 (c) の負電荷領域には移動した電子が集まっていますが，正電荷領域は正電荷が移動してできたのではなく，電子が抜けたために正電荷が過剰になったものです．

さて，導体表面に現れた正電荷と負電荷は，それ自体が電界を作ります．この誘導電荷が作り出す電界を**静電誘導電界**，あるいは単に**誘導電界**といいます[5]．最終的な電界は，導体の外部におかれた電荷などが作り出す電界 (外部電界) と，導体表面の静電誘導電荷が作り出す静電誘導電界の重ね合わせになります．

たとえば，図 4.2 で示した導体について，外部電荷が作る電界が図 4.3(a) のようだとします．これにより図 (b) のような静電誘導電荷が導体表面に現れると，この誘導電荷は図 (b) の電気力線で表されるような電界を導体の内部と外部に作ります．この結果，導体内部と外部の電界は図 (a) の外部電界と図 (b) の誘導電界を重ね合わせて，図 (c) のようになります．

ここで注意すべきは，導体内部の電荷が反応するのは外部電界と誘導電界の重ね合わせの電界 (図 (c)) であることです．よって，自分たちが移動することで作り出した電界にも反応して移動場所をさらに変えていきます．移動場所が変われば，誘導電界もまた変化しますから，移動場所もまた変わる…と考えて最終的に落ち着く状態を探さなければなりません．これがセルフコンシステントな電界です．

ところが，時間的に変化しない静電界に限定すると途中経過が複雑であるにもかかわらず，最終状態はシンプルです．

静電界中では導体内部の電界は 0 である！

なぜなら，もし導体内部の電界が 0 でなければ，内部の自由電荷は力を受けて移動

---

[5] 電磁誘導で発生する電磁誘導電界と混同しないようにしましょう．

4.2 導体　105

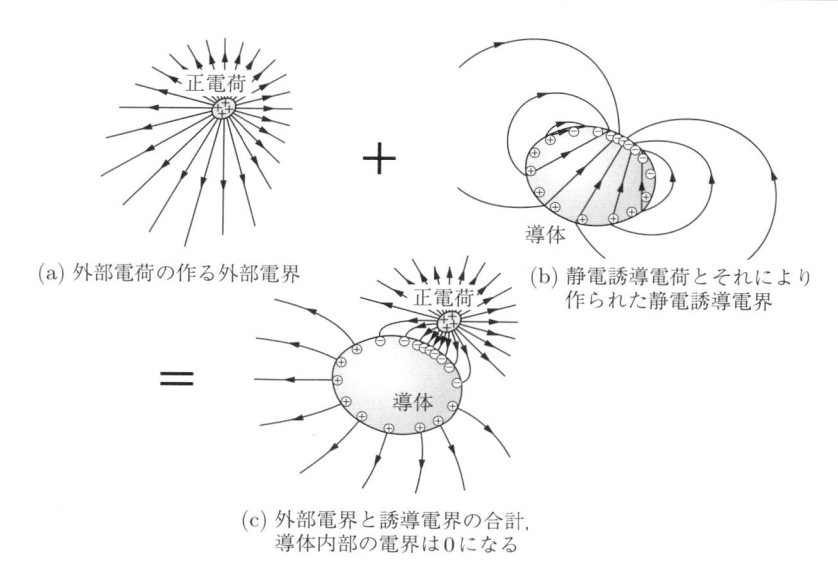

図 4.3　導体近くに正電荷をおいたときの静電誘導電界とその重ね合わせ

(a) 外部電荷の作る外部電界
(b) 静電誘導電荷とそれにより作られた静電誘導電界
(c) 外部電界と誘導電界の合計，導体内部の電界は0になる

するはずですから，最終的に落ち着いて静止した状態とはいえないからです．外部電界が時間的に変化するときには，自由電荷もそれに応じて移動するので必ずしもこの論理は成り立ちませんが，変化があまり速くないときにはほぼ0になります．電気回路でも 50/60 Hz の交流回路ならば導体内部の電界は0として問題ありません[6]．

例題 4.2 ◆ 正電荷を帯びた物体を金属板に近づけると引力がはたらく．また負電荷を帯びた物体を同じ金属板に近づけるとやはり引力がはたらく．なぜか．

解答 電荷を帯びた物体を金属板に近づけると，静電誘導により金属板の物体に近い面に物体とは逆の符号の電荷が集まり，いずれの場合もクーロン引力がはたらく．

4.2.2 ▶ 導体表面の電界強度

外部電界があっても導体内部の電界が完全に0になるという性質から，さらにいくつかの性質が導かれます．

(1) 導体中ではどの場所も等電位である．
(2) 導体表面は等電位面である．
(3) 導体表面の電界は導体に垂直である．

---

[6] Wide Scope 4 で詳しく説明します．

電位差とは，電界中の2点間を1Cの点電荷が移動するときにする仕事です．導体内部の電界は0ですから，電荷に力はかからず，移動するときの仕事は0です．この結果，導体内部ではどの2点を取っても電位差が0になります．ただし，電位は外部電界で決まるので0とは限りません．

導体全体の電位が等しいのですから，表面の電位はすべて等しくなり，これが導体表面が等電位面になる理由です．さらに，1.11節で説明したように，等電位面と電界はつねに垂直に交わるので，導体表面の電界は導体表面に垂直になります．

ただし，(3)には少し補足が必要です．導体内部の電界は0ですが，導体表面から外側にわずかでも離れれば，そこの電界は0ではありません．このため，導体表面の電界は存在します．数学的に表現すれば"導体表面に内部から近づくと0，外部から近づくと0ではない，すなわち導体表面の電界は不連続である"となります．たとえば，導体表面付近の電気力線は図4.4のようになります．電界が不連続なので導体表面で電気力線は途切れます．電気力線が切れるところには電荷がなければなりませんが，これが導体表面の静電誘導電荷です．

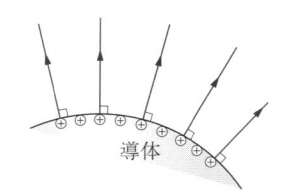

図 4.4 導体表面の電気力線

導体表面に誘導された電荷を Q [C] とすると，電界のガウスの法則から表面の電界強度は $E = Q/\varepsilon_0 S$ [V/m] となります．ここで，S [m^2] は電荷が誘導された領域の面積です．これは，電気力線が表面に垂直で，かつすべて導体の外に存在しているからです．

一般的には表面に誘導された電荷が場所によって変化するので，

$$E = \frac{\sigma}{\varepsilon_0} \tag{4.1}$$

となります．σ [C/m^2] は導体表面の各点における面電荷密度です．表面電界は導体表面に垂直ですから導体の形状から方向が決まり，式(4.1)により大きさが決まるので表面電界ベクトルは静電誘導電荷密度が与えられれば計算することができます．

例題 4.3 ◆ 半径 $r = 5$ cm の導体球の表面に $Q = 2$ μC の電荷が一様に存在している．表面電荷密度 σ を計算し，表面での電界強度 E を求めよ．

解答

$$\sigma = \frac{Q}{4\pi r^2} = \frac{2\times 10^{-6}}{4\pi\times(5\times 10^{-2})^2} = 6.37\times 10^{-5}\ \mathrm{C/m^2}$$

$$E = \frac{\sigma}{\varepsilon_0} = \frac{6.37\times 10^{-5}}{8.85\times 10^{-12}} = 7.19\times 10^{6}\ \mathrm{V/m}$$

4.2.3 ▶ 静電しゃへい

導体内で電界が 0 になる現象には重要な応用があります．外部からどんな電界を加えても内部に電界ができない原因は，図 4.5(a) のように外部電界に反応して導体表面に現れた静電誘導電荷が，内部の電界を 0 にするようにはたらくためでした．

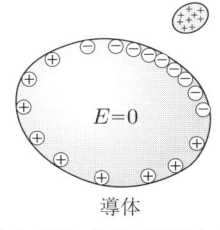

(a) 導体表面に電荷が誘導されて内部電界が 0 になる　　(b) 導体内部に穴があっても同じ

図 4.5 静電しゃへい

ということは表面付近だけ導体であればよいことになり，導体内部に穴があっても同じ結果になります．たとえば，図 (b) のように導体で覆われた部屋があって中に住んでいる人がいるとします．この人は，覆われた導体の外から電荷を近づけても気づきません．導体外側の表面に生じる誘導電荷が適宜配置を変えて，つねに内部電界を 0 に保ってくれるからです．

このように導体で覆うことで外部からの電界の影響を内部に与えないようにすることを，**静電しゃへい**といいます．しゃへい (遮蔽) は英語で**シールド** (shield) です．逆に内部の穴の中に静電界がある場合，それが変化しても内側の導体壁の静電誘導電荷がその変化を打ち消すように移動するので外部は変化しません．これも静電しゃへいです．静電しゃへいを利用すれば，導体の内部と外部を電気的に切り離すことができます．

静電しゃへいは電子装置を作るときに重要です．電子装置は半導体内部の電子の動きを使っているので，外部から変な電界が加わると誤動作を起こします．これが "雑音による誤動作" です．たとえば，最近の車はほとんどが電子制御なのですが，エンジンは火花を飛ばしてガソリンを爆発させることで回転しているため，常時雑音を発

生します．これが電子制御装置に影響すると大変です．車が走っている間に制御が狂うと大事故につながりかねません．そこで，電子制御装置は必ず金属で覆われています．金属で外部電界(雑音)の影響を取り除くのです．

例題 4.4 ◆ ビルの中では携帯電話が使えないことが多い．なぜか．

解答 ● 鉄筋コンクリートの中の鉄筋により静電しゃへいが生じるため，電波が建物内部まで入りにくい．なお，コンクリートそのものも電波を吸収し，電波強度を弱める．

4.2.4 ▶ コンデンサと静電容量

これまで，導体全体は電気的に中性であると仮定していました．つまり，導体内の全正電荷量と全負電荷量は等しかったのです．しかし，導体に導線をつないで外から電流を流し入れたり外に流れ出したりさせると，全体的に正電荷が負電荷より多い導体やその逆の導体を作り出すことが可能です．

中性でない導体でも導体内部では電界が0にならなければなりません．導体内部の電界が0でなければ自由電荷が動くという状況は同じだからです．このため中性導体同様に静電誘導が起こり，すべての電荷は表面に現れます．中性導体と違うのは電荷の総量が0でないので，外部から加えた電界がなくても導体表面に誘導電荷が現れることだけです．導体全体が等電位であること，導体表面が等電位面であること，導体表面の電界が導体と垂直であることなどは，中性導体と同様に成り立ちます．

そこで，図 4.6 のように2個の導体を適当において，それぞれに等量の正電荷と負電荷を与えることで全体を電気的中性に保ちながら電荷を蓄える電子部品を作ることができます．この電気回路で重要な電子部品を**コンデンサ**，または**キャパシタ**といいます．

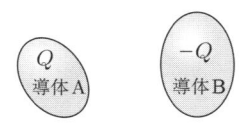

図 4.6 2個の導体によるコンデンサ

たとえば，図 4.6 の導体 A に正電荷 Q [C] を与え，導体 B に負電荷 $-Q$ [C] を与えると，導体 A と導体 B の間に発生した電界によって導体間に電位差が生じます．導体全体は等電位になるので，導体 A の電位を V_A [V]，導体 B の電位を V_B [V] とすると，電位差 $V = V_A - V_B$ [V] は導体内部の場所に関係なく決まります．この電位差 V が導体に与えた電荷 Q に比例するとき，

$$Q = CV \tag{4.2}$$

として定義される比例係数 C を，コンデンサの**静電容量**，または**キャパシタンス**といいます．静電容量の単位は F（ファラド）です．定義からわかるように $1\mathrm{F} = 1\mathrm{C/V}$ です．静電容量は導体の形状と 2 個の導体の配置で決まる係数です．

比例係数である静電容量 C は，電荷を蓄える器の大きさを表しているので，単純に考えると"導体が大きいほうが静電容量は大きい"ということになります．ただし，電荷を蓄えるのが導体の内部ではなく表面なので，表面積が大きいほど静電容量は大きくなります．また，2 個の導体の距離にも関係します．これは同じ電荷を与えても導体間の距離が短くなれば電位差が小さくなるからです．このため，導体間の距離が短いほど静電容量は大きくなります．

まとめると，静電容量は

(1) 導体の表面積が大きいほうが大きい．

(2) 2 個の導体を近づけたほうが大きい．

となります．

比較的簡単な形状の静電容量をいくつか計算しましょう．まず，図 4.7 のように 2 枚の面積 $S\,[\mathrm{m}^2]$ の導体板が，面を平行に距離 $d\,[\mathrm{m}]$ 離れておかれている**平行平板コンデンサ**の静電容量を計算します．一枚に $Q\,[\mathrm{C}]$，もう一枚に $-Q\,[\mathrm{C}]$ を与えれば，この配置は平行平板電荷と同じなので，電位差 $V\,[\mathrm{V}]$ は式 (1.61) より

$$V = \frac{Q}{\varepsilon_0 S} d \tag{4.3}$$

となります．これから静電容量 C を求めれば，

$$C = \frac{Q}{V} = \frac{\varepsilon_0 S}{d} \tag{4.4}$$

となります[7]．式 (4.4) は，導体の面積 S に比例し，導体板間の距離 d に反比例しているので，静電容量の性質 (1) と (2) がダイレクトに現れています．

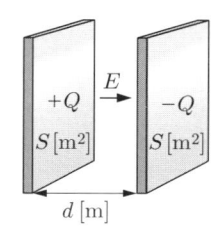

図 4.7　平行平板コンデンサ

[7) この公式から ε_0 の単位が F/m になることを確かめてみてください．

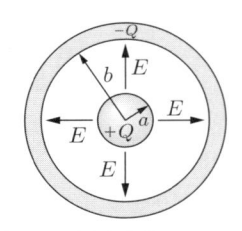

図 4.8　同心球殻コンデンサ

もう少し複雑な形状のコンデンサとして，**同心球殻コンデンサ**の静電容量を計算しましょう．図 4.8 のように，2 枚の球面導体が中心を共通にしておかれています．これが同心球殻コンデンサです．半径の大きい外側の球面導体 (内半径 b [m]) の中に，小さい半径の球面導体 (外半径 a [m]) が包まれています．外側の導体に電荷 $-Q$ [C]，内側の導体に電荷 Q [C] を与えると，電界は導体板間のみ存在して，点電荷 Q が球の中心にあるときと同じ電界ができます[8]．よって電位も点電荷と同じで

$$V(r) = \frac{Q}{4\pi\varepsilon_0 r} \text{ [V]} \tag{4.5}$$

となります．この結果，内部導体と外部導体の電位差は

$$V = V(a) - V(b) = \frac{Q}{4\pi\varepsilon_0 a} - \frac{Q}{4\pi\varepsilon_0 b} = \frac{Q}{4\pi\varepsilon_0}\left(\frac{1}{a} - \frac{1}{b}\right) \tag{4.6}$$

となり，静電容量 C [F] は，

$$C = \frac{Q}{V} = \frac{4\pi\varepsilon_0}{\dfrac{1}{a} - \dfrac{1}{b}} = \frac{4\pi\varepsilon_0 ab}{b-a} \tag{4.7}$$

となります．ここで，外部球面導体の表面積は $S_b = 4\pi b^2$ [m^2]，内部球面導体の表面積は $S_a = 4\pi a^2$ [m^2] なので

$$4\pi ab = \sqrt{(4\pi ab)^2} = \sqrt{4\pi a^2 4\pi b^2} = \sqrt{S_a S_b} \tag{4.8}$$

です．よって，$b-a$ が導体間の距離 d [m] であることを用いれば，式 (4.7) も

$$C = \frac{\varepsilon_0 \sqrt{S_a S_b}}{d} \tag{4.9}$$

という形になっています．

一般には，コンデンサの静電容量が単純に表面積に比例し，距離に反比例するとは限りません．導体の形状や配置が複雑になれば，電荷が分布した領域の面積や導体間

---

[8] 電界のガウスの法則を使って計算してみましょう．

の距離を定義することが難しいためです．しかし，基本的には面積を大きくして導体を近づければ静電容量は大きくなります．

静電容量は基本的に2個の導体で構成されたコンデンサで定義しますが，片方の導体が無限に離れても電位差が有限である場合には，単独の導体でも定義することができます．たとえば，同心球殻コンデンサの場合，外部導体の半径 b を無限大にすれば半径 a [m] の導体球が残りますが電位差は有限です．そこで式 (4.7) で b を無限大にして得られる

$$C = 4\pi\varepsilon_0 a \tag{4.10}$$

を，半径 a [m] の導体球の静電容量と定義することができます．

たとえば，地球は水で覆われているため導体だと考えられます．地球の半径は6400 km なので，これを上式に代入すると

$$C_{\text{Earth}} \fallingdotseq 7.11 \times 10^{-4} \text{ F} \tag{4.11}$$

となります．これから考えると 1 F という静電容量はかなり大きな量であることがわかります．

例題 4.5 ◆ 面積 $S = 10 \text{ cm}^2$ の2枚の平板電極を，距離 $d = 1$ cm 離して平行においた平行平板コンデンサがある．静電容量 C を計算せよ．

解答● $C = \dfrac{\varepsilon_0 S}{d} = \dfrac{8.85 \times 10^{-12} \times 10 \times 10^{-4}}{1 \times 10^{-2}} = 8.85 \times 10^{-13}$ F $= 0.885$ pF

4.2.5 ▶ コンデンサが電荷を蓄えているときの静電エネルギー

コンデンサに電荷を与えた状態は，**静電エネルギー**をもっています．この静電エネルギーは，電荷 0 の状態から出発して，導体 B から導体 A に少しずつ正電荷を移動し，最終的に導体 A と導体 B の電荷がそれぞれ Q [C] と $-Q$ [C] になるまでに必要な仕事量に等しくなります．コンデンサの場合，導体間の電位差 v [V] が電荷 q [C] と静電容量 C [F] を使った比例関係

$$v = \frac{q}{C} \tag{4.12}$$

で与えられているため，1.12 節と同様，図 4.9 のような三角形の面積で仕事を計算することができます．この結果，コンデンサに電荷を与えたときに蓄えている静電エネルギーは式 (1.79) と同じ公式

$$U_E = \frac{QV}{2} \text{ [J]} \tag{4.13}$$

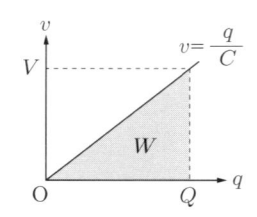

図 4.9 コンデンサの静電エネルギー

になります．ここで V [V] は電荷が Q と $-Q$ のときの導体間の電位差です．この公式は式 (4.12) の比例関係が成り立てばつねに正しいので，コンデンサの形状に依存しません．また，この式に $Q = CV$ を代入すれば，

$$U_E = \frac{1}{2}CV^2 \tag{4.14}$$

または

$$U_E = \frac{Q^2}{2C} \tag{4.15}$$

となります．

例題 4.6 ◆ 静電容量 $C = 3$ μF のコンデンサに $V = 10$ V の電圧を印加した．蓄えられる電荷量 Q と静電エネルギー U_E をそれぞれ計算せよ．

解答 ● $Q = CV = 3 \times 10^{-6} \times 10 = 3 \times 10^{-5}$ C

$$U_E = \frac{1}{2}CV^2 = \frac{3 \times 10^{-6} \times 10^2}{2} = 1.5 \times 10^{-4} \text{ J}$$

4.2.6 ▶ コンデンサの直列接続と並列接続

電気回路でコンデンサを使うときには，導線で接続して電圧をかけたり電流を流したりします．そこで，コンデンサを直列または並列に接続したときの**合成静電容量**を計算しましょう．

まず，**直列接続**を考えます．図 4.10(a) のように，2 個のコンデンサ C_1 [F] と C_2 [F] を直列につないで端子 AB 間の電位差を V [V] にします．それぞれのコンデンサの電位差を V_1 [V]，V_2 [V] とすれば，直列接続なので，

$$V = V_1 + V_2 \tag{4.16}$$

です．この電位差でコンデンサ C_1 に蓄えられた電荷を Q [C] と $-Q$ [C] とすると，コンデンサ C_2 に蓄えられた電荷も Q [C] と $-Q$ [C] になります．なぜなら，コンデンサ

(a) 直列接続　　(b) 並列接続

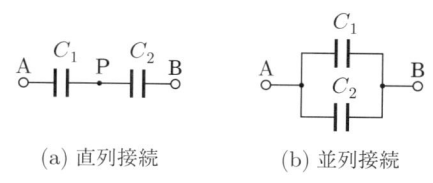

図 4.10 2 個のコンデンサの接続

C_1 とコンデンサ C_2 を結合している導線の部分 (点 P) は電荷を外部から供給できないので，全体的に中性だからです．このため，

$$Q = C_1 V_1, \qquad Q = C_2 V_2 \tag{4.17}$$

という二つの関係が同時に成り立ち，これから

$$V_1 = \frac{Q}{C_1}, \qquad V_2 = \frac{Q}{C_2} \tag{4.18}$$

となって

$$V = V_1 + V_2 = \frac{Q}{C_1} + \frac{Q}{C_2} \tag{4.19}$$

となります．AB 間の合成静電容量を C [F] とすると，$V = Q/C$ になるので，

$$\frac{Q}{C} = \frac{Q}{C_1} + \frac{Q}{C_2} \tag{4.20}$$

となります．すなわち，

$$\frac{1}{C} = \frac{1}{C_1} + \frac{1}{C_2} \tag{4.21}$$

となります．両辺の逆数を計算して，

$$C = \frac{1}{\dfrac{1}{C_1} + \dfrac{1}{C_2}} = \frac{C_1 C_2}{C_1 + C_2} \tag{4.22}$$

となります．式 (4.22) で計算される合成静電容量 C は，C_1 と C_2 のいずれよりも小さくなります．コンデンサを直列に接続すると，実効的には導体板間の距離を増やすことになるので容量が小さくなると考えられます．

次に，図 (b) のような**並列接続**を考えます．並列接続の場合には 2 個のコンデンサに同じ端子電圧 V [V] が加わるので，それぞれのコンデンサに蓄えられる電荷量 Q_1 [C] と Q_2 [C] が異なります

$$Q_1 = C_1 V, \qquad Q_2 = C_2 V \tag{4.23}$$

並列接続されたコンデンサを 1 個のコンデンサとみなすためには，全体的に

$$Q = Q_1 + Q_2 \tag{4.24}$$

の電荷が電位差 V で誘導されると考えなければなりません．よって

$$Q = C_1 V + C_2 V \tag{4.25}$$

となり，AB 間の合成静電容量を C [F] とすると，

$$CV = C_1 V + C_2 V \tag{4.26}$$

となります．これより

$$C = C_1 + C_2 \tag{4.27}$$

となります．並列接続の合成静電容量 C は C_1 と C_2 の合計なので，いずれよりも大きくなります．コンデンサを並列に接続すると，実効的には導体板の面積を増やすことになるので容量が大きくなると考えられます．

例題 4.7 ◆ 静電容量 $C_1 = 2\ \mu\text{F}$ と $C_2 = 3\ \mu\text{F}$ のコンデンサがある．これらを並列接続したときの容量 C_P と，直列接続したときの容量 C_S を計算せよ．

解答● C_1 と C_2 の単位が同じ μF なので，以下のように計算できる．

$$C_\text{P} = C_1 + C_2 = 2 + 3 = 5\ \mu\text{F}$$

$$C_\text{S} = \cfrac{1}{\cfrac{1}{C_1} + \cfrac{1}{C_2}} = \cfrac{C_1 C_2}{C_1 + C_2} = \cfrac{2 \times 3}{2 + 3} = 1.2\ \mu\text{F}$$

4.3　誘電体

内部を自由に動き回ることのできる電荷が存在しない物質，すなわち電気を流さない物質も電界に反応します．物質中の正電荷と負電荷は電界に対し逆向きの力を受けるので，電界を加えると分離する方向に移動するからです．導体と違って内部の電界を完全に 0 にすることはできませんが，加えた電界を変化させるはたらきはあります．このような物質を**誘電体**といいます．電気を流さない物質という意味だけなら**不導体**や**絶縁体**という用語もありますが，誘電体には "電気は流さないが電界に反応する" という意味が含まれています．

4.3.1 ▶ 原子の束縛力と電気双極子

原子核の周りを電子が回っているのは，正電荷の原子核が負電荷の電子を強い引力で引っ張っているからです．この原子核と電子間の引力はかなり強力で，外部から電

4.3 誘電体

界を少々加えても引き離すことはできません．ただし，固体の導体である金属は特殊な状態で，原子が集まって固まったときにエネルギーの高い一部の電子が特定の原子から離れ，自由電荷として物体全体を自由に動き回ることができます．誘電体中には，このような自由電子が存在しないので，すべての電子は所属している原子付近に局在しています．

しかし，誘電体中の電子は固定されているわけではありません．移動はできるのですが，所属原子から引き戻そうとする力を受けるので遠くにいけないのです．この引き戻そうとする力を**束縛力**といいます．束縛力があるということは，正電荷と負電荷がバネで結ばれているのと同じです．つまり，誘電体とは図 4.11 のようにバネで結ばれた正電荷と負電荷のペアで構成されている物質であると考えることができます．

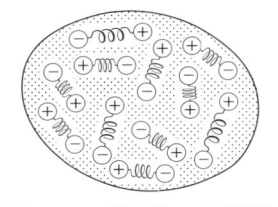

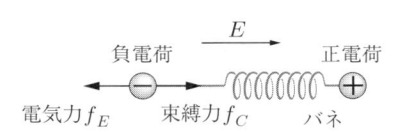

図 4.11 誘電体の内部構造　　**図 4.12** 束縛力と電気力のつり合い

いま，図 4.12 のようにバネで結びつけられている一組の正電荷と負電荷を考えましょう．ここで，正電荷が q [C] で負電荷が $-q$ [C] とし，外部力が 0 ならば正電荷と負電荷間のずれはなく，全体は中性だとします．外部から電界を加えると負電荷が正電荷から離れていきますが，ずれが大きくなるほど束縛力が大きくなるので，最終的に

電界による電気力 ＝ 所属原子からの束縛力

という力のつり合った状態で止まります（図 4.12 の $f_E = f_C$ の状態）．

一般に，ずれが小さいときには束縛力とずれの距離が比例すると近似できるので，両者はバネ定数 k [N/m] のバネで結合されていると考えることができます．バネ定数というのは 2 個の電荷のずれが x [m] のとき，束縛力が $f_C = kx$ [N] で表されるような比例係数です．

電界強度が E [V/m] のとき，正電荷と負電荷の距離が l [m] になったとすれば，つり合いの条件は，$qE = kl$ ですから，ずれが

$$l = \frac{qE}{k} \tag{4.28}$$

になったときに，電気力と束縛力がつり合って電荷のずれは止まります．

このような等量の正電荷と負電荷が離れておかれているものを，**電気双極子**といいます（図 4.13）．電気双極子の大きさを表す量を，**電気双極子モーメント**といい，"電荷

量×電荷間距離" で定義されています．たとえば，図 4.13 のように q [C] と $-q$ [C] の電荷が距離 l [m] 離れておかれているときの電気双極子モーメント p は

$$p = ql \tag{4.29}$$

です．電気双極子の単位は C·m です．

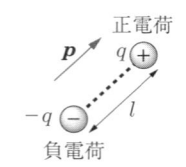

図 4.13 電気双極子

バネで結合された電気双極子に電界を加えた場合には，ずれの距離 l が式 (4.28) で与えられるので，電気双極子モーメントは，

$$p = \frac{q^2 E}{k} \tag{4.30}$$

となります．式 (4.30) は，電気双極子モーメントが，加えた電界に比例することを示しています[9]．

電気双極子は 2 個の点電荷で構成されているため，一般的には大きさ p だけでなく方向をもっているベクトルで表します．電気双極子ベクトルは，図 4.13 の $\bm{p}$ のように負電荷から正電荷のほうを指しています．電界を加えるとその方向に正電荷と負電荷が分離するので，電気双極子ベクトルは電界ベクトルと平行になります．

例題 4.8 ◆ 1 μC の正電荷と -1 μC の負電荷が電気双極子を形成している．電荷間の距離が 0.5 nm のとき，電気双極子モーメント p を計算せよ．

解答 ● 式 (4.29) において $q = 1$ μC，$l = 0.5$ nm なので，

$$p = ql = 1 \times 10^{-6} \times 0.5 \times 10^{-9} = 5 \times 10^{-16} \text{ C·m}$$

4.3.2 ▶ 電気分極と電気感受率

誘電体は，電界強度に比例した双極子モーメントをもつ電気双極子の集合であると考えられます．誘電体に電界を加えると，その電界方向と同じ向きの電気双極子が現

---

[9] ここでは，元は同じ位置にある正電荷と負電荷が電界で引き離されて電気双極子になる場合を考えています．しかし，分子によっては分子中の電子の存在位置に偏りがあって，電界を加えなくても電気双極子モーメントをもっているものがあります．たとえば，HCl 分子は水素原子 H と塩素原子 Cl が結合したものですが，内部の電子が Cl 原子側に少し偏って存在するため，H 原子が正電荷で Cl 原子が負電荷の電気双極子になっています．

れますが，このような内部電荷が特定の方向に分離した状態を "**分極している**" といいます．いま，図 4.14 のような断面積が S [m^2] で長さが d [m] の直方体の誘電体を考えて，長さ方向に電界 E [V/m] を加えたときの分極状態を計算しましょう．電気双極子 1 個の双極子モーメントを p [C·m] とし，この誘電体中に電気双極子が N_p 個入っているとすれば，単位体積あたりの電気双極子モーメントの合計として，

$$P = \frac{N_p p}{Sd} \tag{4.31}$$

が定義できます．これを**電気分極**といいます．電気分極の単位は C/m^2 で，面電荷密度と同じです．電気双極子モーメントが方向をもっているので，電気分極も一般的には平均的な電気双極子モーメントの方向を向いたベクトル $\boldsymbol{P}$ になります．電気双極子の束縛力がバネ係数 k のバネで表せる場合には，式 (4.30) を使って，

$$P = \frac{N_p}{Sd} \times \frac{q^2 E}{k} = \frac{q^2 N_p}{kSd} E \tag{4.32}$$

となります．すなわち，電気分極は加えた電界に比例します．このように電界 E とそれにより生じる電気分極 P が比例関係にある誘電体を**常誘電体**といい，P と E の比例係数を $\varepsilon_0 \chi_e$ と書いて，

$$P = \varepsilon_0 \chi_e E \tag{4.33}$$

と表します [10]．方向も含めれば，電気分極ベクトル $\boldsymbol{P}$ は電界ベクトル $\boldsymbol{E}$ に平行なので

$$\boldsymbol{P} = \varepsilon_0 \chi_e \boldsymbol{E} \tag{4.34}$$

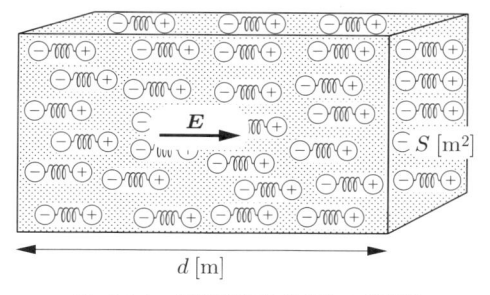

図 4.14　電界方向に分極した誘電体

---

[10] HCl のように分子自体が電気双極子になっている場合でも，電界を加えなければ HCl 分子がいろいろな方向を向いているので，電気双極子ベクトルの平均は 0 になります．すなわち電気分極は 0 です．この状態で外部から電界を加えると，内部の電気双極子すべてがそちらに向こうと回転するので，電界方向に向いた電気分極が現れます．このとき温度が 0 でなければ，回転を妨げようとする一種の復元力がはたらくので，この復元力がバネとなって電気分極は電界強度に比例します．

となります．

比例係数に入っている χ_e を**電気感受率**といいます．電気感受率には単位がありません[11]．式 (4.32) と比較すると，

$$\chi_e = \frac{q^2 N_p}{\varepsilon_0 k S d} = \frac{q^2 n_p}{\varepsilon_0 k} \tag{4.35}$$

となるので，電気感受率は誘電体を構成している，電気双極子の電荷 q，バネ定数 k，**電気双極子密度** n_p（$= N_p/Sd$，単位体積あたりの電気双極子数），によって決まります．これらは誘電体の原子レベルの構造で決まる値ですから，物質の種類で値が決まります．いくつかの代表的な物質の電気感受率を表 4.1 に示します[12]．

表 4.1　電気感受率 χ_e（比誘電率は $\varepsilon_r = 1 + \chi_e$）

気体 ($\times 10^{-4}$)		液体		固体	
水素	2.72	ベンゼン	1.284	アルミナ	7.5
ヘリウム	0.7	メチルアルコール	31.6	雲母	6.0
窒素	5.47	エチルアルコール	23.3	NaCl	4.9
酸素	4.94	アセトン	19.7	ダイヤモンド	4.68
乾燥空気	5.36	シリコーン油	1.2	水晶	3.5
水蒸気	60	水 (20°)	79.36	溶融石英	2.8
二酸化炭素	9.22	変圧器油	1.2	鉛ガラス	5.9

図 4.14 のような直方体の常誘電体に，外部から右向きの一様な電界 E_0 [V/m] を加えたとき，誘電体内部に生じる電界 E [V/m] を計算しましょう．電気分極は誘電体内部の正電荷と負電荷がずれることにより生じますが，誘電体内部でずれた正電荷と負電荷は打ち消し合うので，電荷量を平均すると 0 になります．残るは図 4.15 のように誘電体の右側に l [m] ずれて現れた正電荷 Q_p [C] と，左側に l [m] ずれて現れた負電荷 $-Q_p$ [C] です．これらを**分極電荷**といいます．分極電荷は，導体のように内部から表面に電荷が移動して現れたものではありません．また，誘電体内部のどこででも電荷のずれが生じています．このため，誘電体はどこで切っても分極電荷が現れます．

さて，分極電荷 Q_p は全体の長さ d [m] に対して，図 4.15 のようにずれ幅 l [m] の部分だけがみえたものなので，誘電体全体の正電荷量 qN_p に l/d を掛けて，

$$Q_p = qN_p \frac{l}{d} \tag{4.36}$$

となります．この式の中で，$ql = p$ ですから，式 (4.31) を使って

---
[11] これは，$\varepsilon_0 E$ の単位が C/m^2 だからです．確かめてください．なお，χ はギリシャ文字で "カイ" と読みます．
[12] 電気分極が加えた電界に比例しない誘電体も存在します．これを強誘電体といいます．比例しないということは，束縛力が移動距離に比例しないことを意味しています．

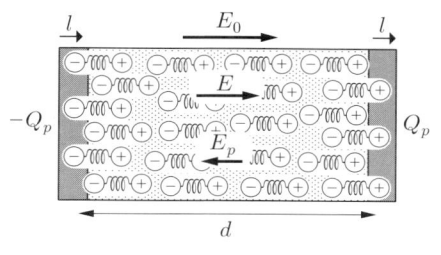

図 4.15　分極電荷

$$Q_p = \frac{N_p p}{d} = PS \tag{4.37}$$

となります．つまり，$P = Q_p/S$ となり，電気分極は誘電体表面に現れた単位面積あたりの分極電荷に等しいことがわかります．反対側には同量で負電荷の分極電荷 $-Q_p$ が現れますから，両側の分極電荷によって作られる電界，**分極電界** E_p [V/m] は

$$E_p = -\frac{Q_p}{\varepsilon_0 S} = -\frac{P}{\varepsilon_0} \tag{4.38}$$

となります．ここで，マイナス符号を付けたのは，右が正の分極電荷，左が負の分極電荷なので，分極電界が外部から加えた電界に対して逆向きになるからです．

電気感受率が χ_e の常誘電体の場合には，

$$E_p = -\frac{\varepsilon_0 \chi_e E}{\varepsilon_0} = -\chi_e E \tag{4.39}$$

となります．ここで E [V/m] は誘電体内部の電界です．誘電体内部の電気分極は誘電体内部の電界によって生じるからです．

この誘電体の内部電界 E は，外部電界 E_0 とこれによって生じる分極電界 E_p の重ね合わせによって決まります．

$$E = E_0 + E_p \tag{4.40}$$

常誘電体の場合には $E = E_0 - \chi_e E$ ですから，この式を E について解けば，

$$E = \frac{E_0}{1 + \chi_e} \tag{4.41}$$

となります．これが常誘電体内部のセルフコンシステントな電界です．式 (4.41) の分母の係数

$$\varepsilon_r = 1 + \chi_e \tag{4.42}$$

を**比誘電率**といいます．比誘電率も単位はありません．比誘電率は 1 より大きいので，式 (4.41) より誘電体の内部では電界が弱くなることがわかります．導体のように 0 に

はなりませんが，加えた電界より小さくなるという傾向は同じです．

たとえば，比誘電率 ε_r の誘電体中に点電荷 Q [C] をおくと，点電荷から距離 r [m] の点での電界の強さは，

$$E = \frac{Q}{4\pi\varepsilon_0\varepsilon_r r^2} \text{ [V/m]} \tag{4.43}$$

になります．

例題 4.9 ◆ 表 4.1 によれば，水の電気感受率は約 79 である．これを用いて，$Q = 16$ µC の点電荷を水中においたとき，その点電荷から 30 cm の距離にある点での電界強度を計算せよ．

解答● 電気感受率 $\chi_e = 79$ より，比誘電率 $\varepsilon_r = 1 + \chi_e = 80$ である．よって，

$$E = \frac{Q}{4\pi\varepsilon_0\varepsilon_r r^2} = 9 \times 10^9 \times \frac{16 \times 10^{-6}}{80 \times 0.3^2} = 2 \times 10^4 \text{ V/m}$$

4.3.3 ▶ 誘電体を用いたコンデンサの静電容量

誘電体中で電界が弱くなる現象は，コンデンサの静電容量を増加させるのに応用されています．平行平板コンデンサで計算しましょう．面積 S [m^2]，導体板間の距離 d [m] の平行平板コンデンサに電荷 Q [C] と $-Q$ [C] を与えると，導体板間が真空のときにはコンデンサ内部にできる電界の強さは，$E_0 = Q/\varepsilon_0 S$ [V/m] です．

このコンデンサの 2 枚の導体板間を図 4.16 のように比誘電率 ε_r の誘電体で満たすと，電界が $1/\varepsilon_r$ になるので，誘電体内部の電界の強さ E [V/m] は

$$E = \frac{E_0}{\varepsilon_r} = \frac{Q}{\varepsilon_0\varepsilon_r S} \tag{4.44}$$

となります．この結果，導体板間の電位差 V [V] は，

$$V = Ed = \frac{Qd}{\varepsilon_0\varepsilon_r S} \tag{4.45}$$

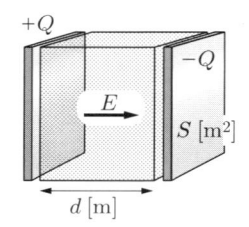

図 4.16 誘電体をはさんだコンデンサ

となり，誘電体をはさんだコンデンサの静電容量は

$$C = \frac{\varepsilon_0 \varepsilon_r S}{d} \text{ [F]} \tag{4.46}$$

となります．すなわち，導体板間が真空の場合の静電容量の ε_r 倍になります．比誘電率の大きな誘電体を利用すれば，導体を大きくすることなく静電容量を増加させることができます[13]．

例題 4.10 ◆ 導体板間が真空で，静電容量 $C = 2$ μF の平行平板コンデンサがある．極板間にアルミナ (Al_2O_3) を充填した場合の静電容量 C' を，表 4.1 の電気感受率を用いて計算せよ．
....
解答 ● アルミナの電気感受率は $\chi_e = 7.5$ なので，
$$C' = \varepsilon_r C = (1 + \chi_e)C = (1 + 7.5) \times 2 \times 10^{-6} = 17 \times 10^{-6} F = 17 \text{ μF}$$

4.3.4 ▶ 電束密度

外部から電界を加えたときに誘電体内部の電界が弱くなるのは，内部電荷が弱める方向に移動するためです．しかし，われわれの世界からみれば原子サイズの電荷の移動など微々たるもので，外見上の変化はありません．通常の応用範囲では，誘電体をおけば真空中より内部電界が弱くなるという効果だけがわかればよく，分極電荷や分極電界などの詳細は不要です．

ところで，誘電体中の電界強度，式 (4.43) と式 (4.44) には共通点があります．誘電率の効果がどちらも真空の誘電率 ε_0 と比誘電率 ε_r の積の形で表されているのです．そこでこの積を一つにして，

$$\varepsilon = \varepsilon_0 \varepsilon_r = \varepsilon_0 (1 + \chi_e) \text{ [F/m]} \tag{4.47}$$

を**誘電体の誘電率**といいます．誘電体の誘電率を使えば，式 (4.43) と式 (4.44) は，それぞれ

$$E = \frac{Q}{4\pi\varepsilon r^2}, \qquad E = \frac{Q}{\varepsilon S} \tag{4.48}$$

となります．つまり，真空中の係数 ε_0 を誘電体の係数 ε で置き換えることで誘電体中の電界計算ができます．このことは，誘電体という物質を，電界に反応して変化する物質ではなく，真空状態と異なる反応をするある種の空間として扱うことができるこ

---

[13] 表 4.1 に示されているように，水の比誘電率はかなり大きくて約 80 です．そこで，誘電体として水を使えば静電容量が飛躍的に増大します．これを水コンデンサといいます．しかし，水に不純物が含まれていると電気が流れるため，つねに高い純度を維持する装置が必要で，かなり高価なコンデンサになります．

とを示しています．いわば，誘電率が ε の空間を考えるのです．一般的に，このような物質空間を**媒質**といいます．

媒質として考えるには，誘電体の内部電荷とそれ以外の電荷，**外部電荷**を切り離して，外部電荷のみで法則を表すと便利です．そこで導入されたのが**電束**です．電束は外部電荷だけが出す力線で，外部電荷 1 C あたりの電束が 1 と定義されています．このため電束の単位も C です．1 C の外部電荷からは 1 C の電束が出て，-1 C の外部電荷には 1 C の電束が入ります．

もう一度，図 4.16 の誘電体で満たした平行平板コンデンサを考えます．導体板に Q [C] と $-Q$ [C] の電荷を与えたとき，内部にできる電気分極が P [C/m^2] で電界が E [V/m] とすると

$$E = \frac{Q}{\varepsilon_0 S} - \frac{P}{\varepsilon_0} \tag{4.49}$$

でした．$\varepsilon_0 S$ を両辺に掛けると

$$\varepsilon_0 E S = Q - PS \tag{4.50}$$

となるので，

$$(\varepsilon_0 E + P)S = Q \tag{4.51}$$

となります．右辺は外部電荷量であり，これは発生する電束に等しいので，左辺のかっこ内を

$$D = \varepsilon_0 E + P \tag{4.52}$$

とおけば，

$$DS = Q \tag{4.53}$$

となります．D は単位面積を貫く電束になるので，**電束密度**とよばれています．電束密度の単位は C/m^2 です．

常誘電体の場合は，$P = \varepsilon_0 \chi_e E$ ですから，

$$D = \varepsilon_0 E + \varepsilon_0 \chi_e E = \varepsilon_0(1 + \chi_e)E = \varepsilon_0 \varepsilon_r E = \varepsilon E \tag{4.54}$$

となります．真空中では $D = \varepsilon_0 E$ なので，外部電荷 Q に対して誘電体があたかも誘電率 ε の空間としてはたらくようにみえることになります．

一般的には電界強度 E や電気分極 P がベクトルなので，電束密度 D もベクトルで，

$$\boldsymbol{D} = \varepsilon_0 \boldsymbol{E} + \boldsymbol{P} \tag{4.55}$$

と定義されています．

式 (4.53) を一般化すれば，電束のガウスの法則になります．これは，

4.3 誘電体

ある閉曲面から出ていく電束の総量はその閉曲面で囲まれた外部電荷量に等しい

と表現されます．これを式 (1.45) のような閉曲面の積分で表すと，

$$\oint \boldsymbol{D} \cdot \boldsymbol{n} \, dS = Q \tag{4.56}$$

となります．

電束の応用として，2 種類の誘電体をはさんだ **2 層誘電体コンデンサ** の静電容量を計算しましょう．これは，図 4.17 のように平行平板導体の間を 2 種類の誘電体で満たしたコンデンサのことです．左の誘電体は誘電率 ε_1 [F/m] で幅が d_1 [m]，右の誘電体は誘電率 ε_2 [F/m] で幅が d_2 [m] とします．導体板の面積は S [m²] です．

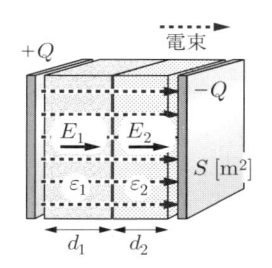

図 4.17 2 層誘電体コンデンサ

さて，2 枚の導体板に電荷 Q [C] と $-Q$ [C] を与えると，これは外部電荷なので電束 Q [C] が正の導体板から出て負の導体板に入ります．計算のポイントはこの電束が誘電体内部では変化せず，図のように平行に正電荷から負電荷へ向かうことです．このため，電束密度 $D = Q/S$ は一定です．

しかし，誘電率が場所によって異なるため，内部に生じる電界の強さも異なります．左の誘電体内部の電界強度を E_1 [V/m] とすると，$\varepsilon_1 E_1 = D$ なので，

$$E_1 = \frac{D}{\varepsilon_1} \tag{4.57}$$

となり，右の誘電体内部の電界強度を E_2 [V/m] とすると，$\varepsilon_2 E_2 = D$ なので

$$E_2 = \frac{D}{\varepsilon_2} \tag{4.58}$$

となります．よって，導体板間の電位差 V [V] は

$$V = E_1 d_1 + E_2 d_2 = \frac{D}{\varepsilon_1} d_1 + \frac{D}{\varepsilon_2} d_2 = \frac{Q}{S} \left(\frac{d_1}{\varepsilon_1} + \frac{d_2}{\varepsilon_2} \right) \tag{4.59}$$

となります．この結果，コンデンサの静電容量 C [F] は

$$C = \frac{Q}{V} = \frac{S}{\dfrac{d_1}{\varepsilon_1} + \dfrac{d_2}{\varepsilon_2}} \tag{4.60}$$

となります．この値は，誘電率 ε_1 で幅 d_1 のコンデンサと，誘電率 ε_2 で幅 d_2 のコンデンサを直列につないだコンデンサの静電容量に等しくなります．

このとき忘れてはならないのは，**電位の計算は電界でする**ということです．電束密度は，誘電体を含んだ電界計算を容易にするために導入された物理量であり，電界を表す基本量が電界強度であることに変わりはありません．

なお，この 2 層誘電体コンデンサの計算に電束密度が利用できたのは，電束の方向が誘電体の境界面 (誘電体と導体の境界や 2 種類の誘電体の境界) に垂直だからです．2 枚の誘電体の境界が電束と斜めに交わるときには，誘電体の境界における電界強度の条件も必要になります．

例題 4.11 ◆ 面積 S [m^2] の平行平板を間隔 d_1 [m] 離し，誘電率 ε_1 の誘電体で満たしたコンデンサ 1 と，面積 S [m^2] の平行平板を間隔 d_2 [m] 離し，誘電率 ε_2 の誘電体で満たしたコンデンサ 2 がある．これらのコンデンサを直列に接続した場合の静電容量を計算し，式 (4.60) と等しくなることを示せ．

解答 ● $C_1 = \varepsilon_1 S/d_1$，また $C_2 = \varepsilon_2 S/d_2$ であるから直列接続した場合の合成静電容量は

$$C = \frac{1}{\dfrac{1}{C_1} + \dfrac{1}{C_2}} = \frac{1}{\dfrac{d_1}{\varepsilon_1 S} + \dfrac{d_2}{\varepsilon_2 S}} = \frac{S}{\dfrac{d_1}{\varepsilon_1} + \dfrac{d_2}{\varepsilon_2}}$$

これは式 (4.60) と等しい．

4.3.5 ▶ 誘電体中のエネルギー

平行平板コンデンサに電荷 Q と $-Q$ を与えたときの電界に関係する量について，誘電体を挿入したときの変化を，表 4.2 にまとめておきます．

表 4.2 誘電体の挿入で変化する量

電界	E	真空時の $\dfrac{1}{\varepsilon_r}$ 倍
電位	V	真空時の $\dfrac{1}{\varepsilon_r}$ 倍
静電容量	C	真空時の ε_r 倍

それでは，このときに蓄えられている静電エネルギー U_e はどう変化するでしょうか．1.12 節で説明したように，エネルギーは負電荷板から正電荷板のほうへ少しずつ

電荷を移動させて，Q と $-Q$ に到達するまでの仕事として計算できます．常誘電体は比誘電率 ε_r が電界にかかわらず一定なので，静電容量 C も一定です．よって，電荷量 q と電位差 v が式 (4.12) と同じ比例関係になるため，静電エネルギーも式 (4.13) と同じ

$$U_e = \frac{QV}{2} \tag{4.61}$$

が成り立ちます．誘電体中では電位差 V が $1/\varepsilon_r$ になるのですから，平行平板間に蓄えられたエネルギーも $1/\varepsilon_r$ になることがわかります．V として式 (4.45) を代入すれば，

$$U_e = \frac{Q}{2} \times \frac{Qd}{\varepsilon S} = \frac{1}{2}\varepsilon \left(\frac{Q}{\varepsilon S}\right)^2 Sd = \frac{1}{2}\varepsilon E^2 Sd \tag{4.62}$$

となり，誘電体中に蓄えられている単位体積あたりのエネルギー，すなわちエネルギー密度は

$$u_e = \frac{1}{2}\varepsilon E^2 \tag{4.63}$$

となります．

しかし，電界エネルギー密度 u_E は式 (1.82) より，

$$u_E = \frac{1}{2}\varepsilon_0 E^2 \tag{4.64}$$

でした．式 (4.63) の誘電体中のエネルギー密度の係数が ε_0 ではなく，ε になっているのは，何を意味しているのでしょう．

これを単純に，"誘電体中だから電界エネルギーも ε_0 を ε に置き換えないといけないのではないか" と考えるのは間違いです．電界とは空間状態なので，電界エネルギーは真空中も誘電体中も変わりません．ε_0 で計算しなければならないのです．とすると，単位体積あたり，

$$u_e - u_E = \frac{1}{2}(\varepsilon - \varepsilon_0)E^2 = \frac{1}{2}\varepsilon_0(\varepsilon_r - 1)E^2 = \frac{1}{2}\varepsilon_0 \chi_e E^2 \tag{4.65}$$

のエネルギーがどこかに蓄えられているはずです．この差を説明するには，電気分極が電気双極子で作られているという原理に戻る必要があります．

電気双極子に電界 E が加わっているときの力のつり合いは

$$qE = kl \tag{4.66}$$

でした．これによりできる電気双極子 ql が単位体積あたり n_p 個集まったとすると，電気感受率は，式 (4.35) より

$$\chi_e = \frac{q^2 n_p}{\varepsilon_0 k} \tag{4.67}$$

と表されました．ということは，式 (4.65) で与えられるエネルギー密度の余剰分は

$$u_e - u_E = \frac{1}{2}\varepsilon_0\chi_e E^2 = \frac{1}{2}\varepsilon_0 \frac{q^2 n_p}{\varepsilon_0 k}E^2 = \frac{1}{2}\frac{(qE)^2}{k}n_p \tag{4.68}$$

となります．この式につり合いの式 (4.66) を代入すれば

$$u_e - u_E = \frac{1}{2}\frac{(qE)^2}{k}n_p = \frac{1}{2}\frac{(kl)^2}{k}n_p = \left(\frac{1}{2}kl^2\right)n_p \tag{4.69}$$

となります．$kl^2/2$ は，バネが l [m] 伸びたときのバネに蓄えられているエネルギー，すなわち**束縛エネルギー**です．バネ (電気双極子) は単位体積あたり n_p 個あるのですから，式 (4.69) は単位体積あたりの束縛エネルギーの総量になります．

まとめると，

誘電体が入った状態の静電エネルギー
＝ 空間に蓄えられた電界エネルギー ＋ 誘電体に蓄えられた束縛エネルギー

となります．比誘電率が大きい物質では，空間に蓄えられている電界エネルギーの割合は少なく，エネルギーの大半は物質の束縛エネルギーとして蓄積されていることになります．

例題 4.12 ◆ 誘電体中の電界が E [V/m] のときの静電エネルギーを考える．その空間に蓄えられた単位体積あたりの電界エネルギー u_E [J/m^3] に対して，誘電体に蓄えられた単位体積あたりの束縛エネルギー u_bind [J/m^3] は何倍になるか．

解答● 電界エネルギーは $u_E = \varepsilon_0 E^2/2$，また束縛エネルギーは $u_\mathrm{bind} = \varepsilon_0\chi_e E^2/2$ よって $u_\mathrm{bind}/u_E = \chi_e$, ∴ $u_\mathrm{bind} = \chi_e u_E$ つまり電気感受率倍の値になる．

▶▶▶ **演習問題** ◀◀◀

4.1 表面が平面の大きな導体がある．その導体表面から距離 d [m] 離れたところに点電荷 Q [C] をおいたときに生じる電界は，導体表面に対して点電荷と対称となる導体の内部点に，$-Q$ [C] の 点電荷をおいたときの電界に等しいことを示せ．また，導体表面が等電位面であることを確認せよ．

4.2 x 方向を向き，電界強度 E_0 [V/m] の一様な電界中に半径 a [m] の導体球がおかれている．この導体周りの電位を以下の方法で計算せよ．

(1) 導体球の中心に，x 方向にずれた双極子モーメント p [C·m] の電気双極子が存在すると考えて，座標 (x,y,z) における電位 V_p [V] を計算する．

(2) 外部電界の電位は $-E_0 x$ [V] だから，これと電気双極子の作る電位の重ね合わせが半径 a の球面上で一定になるように p を決定する．

(3) (2) の結果，半径 a の表面は導体球の表面であると考えられる．そこで，導体外部の電位を外部電界の電位と電気双極子の電位の重ね合わせで計算せよ．

4.3 1辺の長さが $d = 1$ cm の立方体の誘電体がある．この誘電体中では，$q = 1.6 \times 10^{-19}$ C の正電荷と $-q = -1.6 \times 10^{-19}$ C の負電荷が電気双極子を形成している．

(1) 電荷間の距離が $l = 0.002$ nm のとき，電気双極子モーメント p を計算せよ．ただし，1 nm $= 10^{-9}$ m である．

(2) この立方体の誘電体中に，上の問題の電気双極子モーメントが $N_p = 10^{18}$ 個含まれているとき，この誘電体の電気分極 P と分極電界 E_p を計算せよ．

4.4 x 方向を向き，電界強度 E_0 [V/m] の一様な電界中に半径 a [m] の誘電体球がおかれている．この誘電体球内部の電界を以下の方法で計算せよ．

(1) 誘電体球が正電荷球と負電荷球の重ね合わせでできているとする．x 方向に正電荷球が負電荷球から d [m] ずれたとする．このとき，電荷球内部の電位 V [V] を計算せよ．ただし，ずれ d は半径 a に比べて十分小さいとして，誘電体内部の点は正電荷球にとっても負電荷球にとっても内部だとする．

(2) 誘電体球内部の電位 V [V] から誘電体内部の電界 E_p [V/m] を計算し，電界 E_p が Qd に比例することを示せ．

(3) この Qd は誘電体全体の電気双極子モーメントであると考えられる．このことから，外部電界 E_0 を加えたときにこのずれが起こると考えて，内部に生じる電界 E [V/m] を計算し，$P = \varepsilon_0 \chi_e E$ という電気分極と電気感受率の関係を使って，誘電体内部の電界 E を電気感受率 χ_e と外部電界 E_0 で表せ．

Wide Scope 4　導体の誘電率

　導体とは電気を流す物質であり，誘電体とは電気を流さない物質である，と区別しましたが，導体の誘電率を考えることは可能です．図 4.16 のように平行電荷板の内側を比誘電率 ε_r の誘電体で満たして外部から一様な電界 E_0 を加えると，内部に生じる電界は $E = E_0/\varepsilon_r$ でした．これより比誘電率は外部電界と内部電界の比 $\varepsilon_r = E_0/E$ であることがわかります．誘電体を導体で置き換えると静電誘導により内部電界 E は 0 になるので，ε_r は無限大ということになります[14]．導体の誘電率は無限大なのです．しかし，物理学において無限大というのは "ありえない" という場合にも使われるので，この議論はちょっと乱暴です．もう少し正確に考えてみましょう．

　静電界中で導体内部の電界が 0 になるのは，"0 でなければ静電界は状態が時間的に変化しないという仮定に反する" ことが理由でした．外部から時間的に変化する電界が加わっているときにはこの仮定が成り立たないので，導体内部の電界とそれに反応して移動する電荷の運動を考える必要があります．そこで，$E_0 \cos\omega t$ のように変化する交流外部電界を加えたときの電荷運動を考えてみましょう．ここで t は時間，ω は角周波数です．導体は図 4.16 と同様に，断面積が S，電界方向の長さが d とします．固体の導体中で自由に動くのは電子なので，電子 (電荷量 $q = -e$) の運動を考えます．もし導体内部の電子が右側へ x ずれたとすれば，図 4.15 と同じ考えで，右側に現れる表面電荷は

$$Q_e = -eN_e \frac{x}{d} \tag{4.70}$$

です．ここで $q = -e$ を使いました．また N_e は導体に含まれる自由電子数です．導体の左側には取り残された正電荷が $-Q_e$ の表面電荷として現れるので，この自由電子のずれによる静電誘導電界 E_s は

$$E_s = -\frac{Q_e}{\varepsilon_0 S} = \frac{en_e}{\varepsilon_0} x \tag{4.71}$$

となります．ここで，単位体積あたりの電子数として $n_e = N_e/Sd$ を定義しています．

　さて，導体内部の電子には，この静電誘導電界と外部電界 $E_0 \cos\omega t$ の重ね合わせが加わるので，電子の運動方程式は

$$m_e \frac{d^2 x}{dt^2} = -e(E_s + E_0 \cos\omega t) = -\frac{e^2 n_e}{\varepsilon_0} x - eE_0 \cos\omega t \tag{4.72}$$

となります[15]．m_e は電子の質量です．

　微分方程式 (4.72) は $x = x_0 \cos\omega t$ とおけば，

$$-\omega^2 m_e x_0 \cos\omega t = -\frac{e^2 n_e}{\varepsilon_0} x_0 \cos\omega t - eE_0 \cos\omega t \tag{4.73}$$

となるので，これが時間に関係なく成り立つには

---

[14] ここで，内部の導体は平行電荷板と接触していないとします．
[15] $a = d^2x/dt^2$ は電子の加速度です．加速度とは速度 v の時間変化率であり，速度 v は位置 x の時間変化率なので，位置 x の 2 階微分が加速度になります．

$$x_0 = \frac{\dfrac{eE_0}{m_e}}{\omega^2 - \dfrac{e^2 n_e}{\varepsilon_0 m_e}} = \frac{\dfrac{eE_0}{m_e}}{\omega^2 - \omega_p^2} \tag{4.74}$$

となる必要があります．ここで定義した $\omega_p = \sqrt{e^2 n_e / \varepsilon_0 m_e}$ を電子プラズマ振動数といいます．静電誘導電界は電子プラズマ振動数を使うと

$$E_s = \frac{e n_e}{\varepsilon_0} x = \frac{(e^2 n_e / \varepsilon_0 m_e) E_0}{\omega^2 - \omega_p^2} \cos\omega t = \frac{\omega_p^2 E_0}{\omega^2 - \omega_p^2} \cos\omega t \tag{4.75}$$

となるので，内部電界 E は，

$$E = E_s + E_0 \cos\omega t = \frac{\omega_p^2 E_0}{\omega^2 - \omega_p^2} \cos\omega t + E_0 \cos\omega t = \frac{\omega^2 E_0}{\omega^2 - \omega_p^2} \cos\omega t \tag{4.76}$$

となります．式 (4.76) の右辺は $\omega_p \to \infty$ で 0 ですから，電子プラズマ振動数 ω_p が交流の角周波数 ω に比べて十分大きいときには，導体の内部電界を 0 と考えても良いことがわかります．

たとえば，銅の電子密度は $n_e = 8.5 \times 10^{28}$ m^{-3} なので，$\omega_p = 1.6 \times 10^{16}$ rad/s となり，家庭用の交流 50/60 Hz 程度の振動では導体内部の電界を 0 と考えても差し支えありません．

さて，式 (4.76) より，導体の比誘電率は

$$\varepsilon_r = \frac{E_0 \cos\omega t}{E} = \frac{\omega^2 - \omega_p^2}{\omega^2} = 1 - \frac{\omega_p^2}{\omega^2} \tag{4.77}$$

となります．静電界とは時間的に変化しない電界なので，$\omega \to 0$ の極限が静電界です．このとき $\varepsilon_r \to -\infty$ となります．導体の誘電率はマイナス無限大である，というのが正解です．

第5章 磁界中の物質と電気抵抗

　磁石は身近な存在です．メモをはさむのに使うものもあるし，箱のふたが開かないように付いているものもあります．山に登る人には方角を示す道具として欠かせません．しかし，磁石がなぜ磁界を作るのかという問いに答えるのは簡単ではありません．

　第2章で電流が作る磁界の話をし，アンペールの法則で磁束密度が計算できることやコイルに電流を流せば電磁石になることを示しましたが，磁石が作る磁界の話はしませんでした．

　物質は原子核や電子といった電荷で作られているので，電界に反応するのはわかりやすいのですが，磁界に反応する物質の仕組みはちょっと考えただけではわかりません．実は，原子や電子は磁気双極子に相当する性質をもっていて，これが磁界に反応したり，外部から加えた磁界を変化させたりするのです．原子や電子が磁気双極子をもつ原因は電磁気学だけでは説明できませんが，それらが加えた磁界にどのように反応するかは，微小な電流が作る磁界に置き換えて説明することができます．本章では，物質を磁界中においたときに，どのように反応して物質内部のセルフコンシステントな磁界が決定されるかについて説明します．

　さらに，電気回路で使われる電気抵抗についてもその物質構造との関係を説明し，回路理論で重要なオームの法則の物理的意味について説明します．

5.1　磁性体

　磁界に反応する物質を**磁性体**といいます．電界と磁界には大きな違いがありました．電界には"電荷"という電界から仕事を受ける物質が存在するのに対し，磁界にはそれに相当する"磁荷"が存在しないことです．N極だけ，S極だけという物質は存在しません．磁極を単独で移動させることはできないので"磁流"もありません．

　しかし，磁界から力を受ける物質は存在します．代表的なのが磁石です．N極とS

極は単独で存在しませんが，NとSが一対になった**磁気双極子**は存在するのです．このため，電気双極子が集まってできた電気分極に相当する，**磁気分極**は定義できます．磁気分極は外部から加えた磁界に反応し，磁性体中の内部磁界を変化させます．しかし，磁気双極子は磁荷によって作られているのではないため，誘電体とは状況が異なります．

5.1.1 ▶ 電気双極子と磁気双極子の比較

図 5.1(a) は電気双極子周りの電気力線を描いたものです．もし，N 極だけの物質と S 極だけの物質が存在するとしたら，磁極間にもクーロンの法則が成り立つのですから，磁極が作る磁束はこの電気力線と同じ形になるはずです．これに対し，図 (b) に示したのは，小さな**リング電流**が作る磁束を描いたものです．両者を比較すると，電気双極子周りの電界とリング電流が作る磁界がよく似ていることがわかります．実際，電気双極子から十分離れた場所での電界強度の変化とリング電流から十分離れた場所での磁束密度の変化は一致することが証明できます．リング電流を遠くからみれば，あたかも一対の N 極と S 極でできた磁気双極子が存在するようにみえるのです．

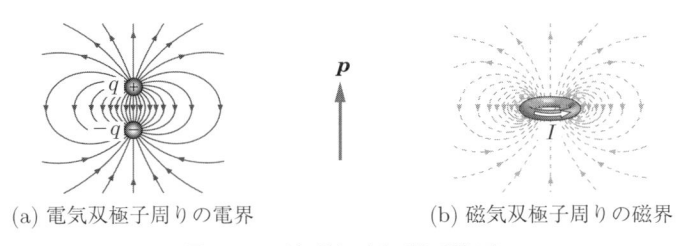

(a) 電気双極子周りの電界　　(b) 磁気双極子周りの磁界

図 **5.1**　電気双極子と磁気双極子

磁気双極子の大きさを表す**磁気双極子モーメント** p_m は，m [Wb] の N 極と $-m$ [Wb] の S 極の磁荷が l [m] 離れて存在すると考えれば $p_m = ml$ で，単位は Wb·m です．これを強さ I [A] のリング電流に置き換えるには，リングの囲んでいる面積を S [m^2] とすると，$p_m = \mu_0 IS$ になります[1]．電気双極子と同様に，磁気双極子も一般的には方向をもっているのでベクトル $\boldsymbol{p}_m$ で表します．

しかし，遠くからみれば同じでも，近くに寄っていくと違いがみえてきます．図 (a) のように正電荷と負電荷で作られている電気双極子では，電荷の間の電界が正電荷から負電荷に向いていて，双極子 $\boldsymbol{p}$ の向きとは逆向きです．これに対し，図 (b) のようなリング電流が作る磁気双極子では，電流円の内部でも磁界の向きが双極子の向きと同じです．

---

[1] 磁気双極子モーメントを $p_m = \mu_0 IS$ にすれば，リング電流が作る遠方での磁束密度が磁極対が作る磁束密度に一致することは，付録 C で証明します．

電気双極子で作られている誘電体に外部電界を加えると，内部電界が弱くなるという結果になりましたが，磁気双極子でできた磁性体に磁界を加えると内部磁界は強くなります．これが誘電体中の電界と磁性体中の磁界の本質的な違いです．

例題 5.1 ◆ 面積 $S = 1 \text{ cm}^2$ の 1 巻きコイルがある．これに電流 $I = 5$ mA を流した．このリング電流の作る磁気双極子モーメント p_m を計算せよ．

解答 $p_m = \mu_0 I S = 4\pi \times 10^{-7} \times 5 \times 10^{-3} \times 1 \times 10^{-4} = 6.28 \times 10^{-13}$ Wb·m

5.1.2 ▶ 磁気分極と磁化率

磁性体は，この磁気双極子が集まったものと考えられます．そこで，単位体積あたりの磁気双極子モーメントの合計として**磁気分極**を定義します．体積 V [m^3] の中に同じ向きの磁気モーメント p_m の磁気双極子が N_m 個入っているとき，磁気分極 P_m は次式で定義されます．

$$P_m = \frac{N_m p_m}{V} \tag{5.1}$$

磁気分極の単位は Wb/m^2，すなわち T です．磁気双極子モーメントが方向をもっているので，磁気分極も一般的には平均的な磁気双極子モーメントの方向を向いたベクトル $\boldsymbol{P}_m$ になります．

いま，磁界があまり強くなく，磁気分極 P_m がその付近の磁束密度 B に比例するとすれば，

$$P_m = \alpha_m B \tag{5.2}$$

となります．P_m と B は同じ単位なので，比例係数 α_m には単位がありません[2)]．このように磁気分極と磁束密度が比例関係にある磁性体を**常磁性体**といいます．

さて，図 5.1(b) のように，磁性体中に磁気分極が生じたときの磁束は磁気分極と同じ方向です．このため，磁気分極によって発生した磁束は外部から加えた磁界，**外部磁界**に加算することで磁性体内部の磁界になります．すなわち，外部磁界の磁束密度を B_0 [T]，磁性体内部の磁束密度を B [T] とすれば，

$$B = B_0 + P_m = B_0 + \alpha_m B \tag{5.3}$$

となります．ここで，右辺第 2 項の磁気分極を決める磁束密度 B は，磁性体内部の磁束密度なので，式 (5.3) を B について解けば，

[2)] 本章では，とくに明記しなければ $\alpha_m > 0$ を仮定しています．磁性体の中には加えた磁界に対して逆向きに磁気分極ができる反磁性体が存在し，このときは $\alpha_m < 0$ になります．反磁性体は 5.1.6 項で説明します．

$$B = \frac{B_0}{1-\alpha_m} \tag{5.4}$$

となります．これが常磁性体内部のセルフコンシステントな磁束密度です．磁性体内部に生じる磁束密度は，外部から加えた磁束密度より大きくなります．式 (5.4) における B と B_0 の比例係数を**比透磁率**といい，μ_r で表します．μ_r には単位はありません．

$$\mu_r = \frac{1}{1-\alpha_m} \tag{5.5}$$

比透磁率を使えば，磁性体内部の磁束密度は

$$B = \mu_r B_0 \tag{5.6}$$

となります．比透磁率が大きい磁性体ほど，内部の磁束密度が大きくなります．また，

$$\chi_m = \mu_r - 1 \tag{5.7}$$

を**磁化率**といいます．χ_m も単位はありません．代表的な物質の磁化率を表 5.1 に示します．データブックなどには，磁化率 χ_m が示されているので，これを用いて比透磁率を $\mu_r = 1 + \chi_m$ で計算してください[3]．

表 **5.1** 磁化率 χ_m（比透磁率は $\mu_r = 1 + \chi_m$）

アルミニウム	20.7×10^{-6}	金	-34.5×10^{-6}
リチウム	32.9×10^{-6}	ダイヤモンド	-21.7×10^{-6}
ニオブ	237×10^{-6}	鉄	$6000 \sim 8000$
銅	-9.65×10^{-6}		

例題 5.2 ◆ 長さ $l = 6$ cm の円筒に導線を $N = 200$ 回巻いたコイルがある．円筒の中に磁化率 $\chi_m = 6999$ の鉄心を入れた．このコイルに $I = 3$ A の電流を流したときに発生する磁束密度 B を求めよ．

解答 ● $B = \mu_0 \mu_r \dfrac{NI}{l} = \mu_0 (1 + \chi_m) \dfrac{NI}{l} = 4\pi \times 10^{-7} \times (1 + 6999) \times \dfrac{200 \times 3}{6 \times 10^{-2}}$
$= 87.9$ T

5.1.3 ▶ 磁性体を利用したコイル

磁性体を使えば内部の磁束密度を大きくすることができます．そこで，磁性体を棒状にして導線を巻いてコイルを作成すれば，発生する磁束を増やすことができます．

---

[3] 物性に関するデータブックでは，χ_m そのものではなく，χ_m を物質の密度で割った値が示されていることが多いようです．本書では参考文献のデータから換算して有効数字 3 桁の数値で示しています．なお，$\chi_m < 0$ の物質は 5.1.6 項で説明する反磁性体です．

たとえば，図 5.2 のように，断面積 S [m^2]，長さ l [m] の細長い円筒磁性体に導線を N 回巻いてコイルを作ったとします．コイル内部が真空であれば，コイルに電流 I [A] を流したときに内部に発生する磁束密度 B_0 [T] は

$$B_0 = \mu_0 \frac{NI}{l} \tag{5.8}$$

です．円筒磁性体の比透磁率を μ_r とすると，内部の磁束密度 B [T] は真空のときの μ_r 倍になるので，

$$B = \mu_r B_0 = \mu_0 \mu_r \frac{NI}{l} \tag{5.9}$$

となります．磁性体には鉄のような比透磁率のかなり大きい物質があるので，これを利用して電磁石を作れば強力な磁界を発生させることができます．

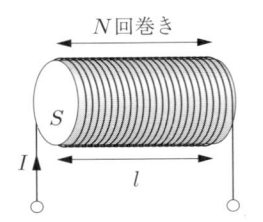

図 **5.2** 磁性体を用いたコイル

また，磁性体を入れるとコイルの自己インダクタンスが増加します．図 5.2 のコイルの場合，鎖交磁束は

$$\Phi_L = BSN = \mu_0 \mu_r \frac{N^2 S}{l} I \text{ [Wb]} \tag{5.10}$$

ですから，自己インダクタンスは

$$L = \frac{\Phi_L}{I} = \mu_0 \mu_r \frac{N^2 S}{l} \text{ [H]} \tag{5.11}$$

となります．式 (3.34) と比較すると，自己インダクタンスも μ_r 倍になることがわかります．

比透磁率の大きい磁性体は，単に磁束密度を大きくするだけではなく，磁束を内部に閉じ込めるはたらきがあります．たとえば，図 5.3 のように磁性体を曲げてリング状にし，その一部に導線を巻いてコイルにしたものを考えます．これを**環状磁性体コイル**といいます．コイルに電流を流したとき，比透磁率の大きい磁性体内部の磁束密度は外部に比べて非常に大きいため，電流が発生させた磁束はほとんどすべてが図のように磁性体の中を通って一周して元に戻ります．これが磁性体内部に磁束を閉じ込

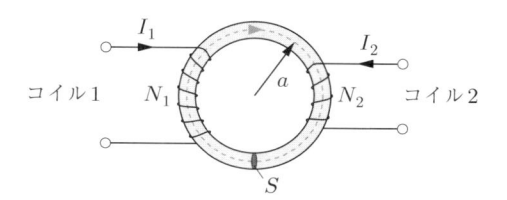

図 5.3 環状磁性体コイル

めた状態です[4]．

そこで，環状磁性体の 2 箇所にコイルを巻けば，結合率の高い変圧器を作ることができます．図 5.3 で磁性体の比透磁率を μ_r とし，円の半径は a [m] で磁性体の断面積は S [m^2] とします．簡単のため磁性体の断面積は小さいとします．リングの左側には N_1 回，右側には N_2 回導線が巻かれているとして，磁束の漏れがないとすると，相互インダクタンスは以下のように計算されます．

まず，コイル 1 に電流 I_1 [A] を流します．磁束はリングを一周して元に戻ってくるので，磁束の長さは $2\pi a$ [m] です．磁束を作る電流は I_1 [A] で N_1 回巻いてあるのですから，アンペールの法則により

$$2\pi a B_1 = \mu_0 \mu_r N_1 I_1 \tag{5.12}$$

となります．右辺に μ_r を掛けているのは，磁性体の効果で磁束密度が μ_r 倍になるからです[5]．この結果，磁性体内の磁束密度 B_1 [T] は

$$B_1 = \frac{\mu_0 \mu_r N_1 I_1}{2\pi a} \tag{5.13}$$

となります．よって，コイル 1 を貫く鎖交磁束 Φ_1 [Wb] は

$$\Phi_1 = B_1 S N_1 = \frac{\mu_0 \mu_r N_1^2 S}{2\pi a} I_1 \tag{5.14}$$

となり，コイル 1 の自己インダクタンス L_1 [H] は

$$L_1 = \frac{\Phi_1}{I_1} = \frac{\mu_0 \mu_r N_1^2 S}{2\pi a} \tag{5.15}$$

となります．これに対し，コイル 2 を貫く鎖交磁束 Φ_{21} [Wb] は

$$\Phi_{21} = B_1 S N_2 = \frac{\mu_0 \mu_r N_1 N_2 S}{2\pi a} I_1 \tag{5.16}$$

ですから，コイル 1 から 2 の相互インダクタンス M_{21} [H] は

---

4) 実際には磁性体からわずかに外に出ていきます．この出ていった磁束を漏れ磁束といいます．
5) 磁性体を含んだアンペールの法則は次節で説明します．

$$M_{21} = \frac{\Phi_{21}}{I_1} = \frac{\mu_0 \mu_r N_1 N_2 S}{2\pi a} \tag{5.17}$$

となります．

同様に，コイル2に電流 I_2 [A] を流して計算すれば，コイル2の自己インダクタンス L_2 [H] は，

$$L_2 = \frac{\mu_0 \mu_r N_2^2 S}{2\pi a} \tag{5.18}$$

となり，コイル2からコイル1の相互インダクタンス M_{12} [H] は，

$$M_{12} = \frac{\mu_0 \mu_r N_1 N_2 S}{2\pi a} \tag{5.19}$$

となります．M_{12} は M_{21} と等しく，相互インダクタンスの対称性が成り立っています．さらに，

$$L_1 L_2 = \frac{\mu_0 \mu_r N_1^2 S}{2\pi a} \frac{\mu_0 \mu_r N_2^2 S}{2\pi a} = \left(\frac{\mu_0 \mu_r N_1 N_2 S}{2\pi a}\right)^2 = M^2 \tag{5.20}$$

ですから，密結合であることもわかります．比透磁率の大きな磁性体を使って漏れ磁束を減らせば，相互インダクタンスの結合が強くなります．この結果は変圧器に応用されています．

例題5.3 ◆ 中心半径 $a = 5$ cm，断面積 $S = 2$ cm^2 で，比透磁率 $\mu_r = 20$ の環状磁性体にコイル1とコイル2が巻かれている．コイルの巻き数をそれぞれ $N_1 = 30$ 回，$N_2 = 40$ 回としたとき，相互インダクタンス M を計算せよ．

解答● $M = \dfrac{\mu_0 \mu_r N_1 N_2 S}{2\pi a} = \dfrac{4\pi \times 10^{-7} \times 20 \times 30 \times 40 \times 2 \times 10^{-4}}{2\pi \times 5 \times 10^{-2}} = 1.92 \times 10^{-5}$ H

5.1.4 ▶ 分極電流と磁界の強さ

5.1.1項で説明したように磁気双極子はリング電流で作られているので，磁気分極とは図5.4(a)のようなリング電流の集合体です．このため，磁気分極 P_m は，図(b)のような磁界に垂直で磁性体の側面を流れる電流で計算することができます．この電流を**分極電流**または**磁化電流**といいます．

たとえば，図5.2のような長さ l [m] の円筒コイルに入れた磁性体の場合，磁気分極 P_m [T] が磁性体の側面を流れる分極電流 I_m [A] で作られていると考えれば，2.7節で説明した円筒電流内の磁束密度の公式より，$P_m = \mu_0 I_m / l$ です．よって，

$$I_m = \frac{P_m l}{\mu_0} \tag{5.21}$$

(a) リング電流による磁気分極　　(b) 分極電流

図 5.4 分極電流

となります．この分極電流がコイルに流れる電流と同方向に流れるので，内部磁界が強くなると考えられます．

さて，巻き数 N のコイルに電流 I [A] を流したとき，コイル内部に生じる外部磁界の磁束密度 B_0 は式 (5.8) より，$B_0 = \mu_0 N I / l$ です．よって，式 (5.3) は

$$B = \frac{\mu_0 N I}{l} + P_m \tag{5.22}$$

となります．磁性体内部の分極電流で作られる P_m を左辺に移項し，l を両辺に掛ければ，

$$(B - P_m)l = \mu_0 N I \tag{5.23}$$

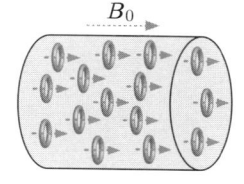

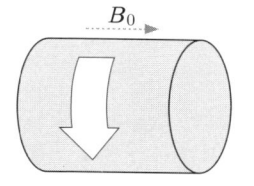

となりますが，この式の右辺はコイルに流した電流だけで決まります．これを磁性体内部に生じる分極電流と区別して，**外部電流**といいます．また，

$$H = \frac{1}{\mu_0}(B - P_m) \tag{5.24}$$

によって，**磁界の強さ**とよばれる量 H を定義します．H を使うと，式 (5.23) は

$$Hl = NI \tag{5.25}$$

となります．式 (5.25) は，磁界の強さ H が磁性体の存在にかかわらず外部電流だけで決まることを示しています．式からわかるように，H の単位は A/m です．

式 (5.24) で定義した H は，2.1 節で導入した磁極に力を与える場の強さ H と単位的には同じものですが，現在の電磁気学では式 (5.25) のように外部電流の強さを表す量として使われています．"磁界の強さ" という名称をもっているためまぎらわしいですが，磁界とはあくまでも磁束密度 B で表される空間状態のことです[6]．

ただ，慣習により常磁性体における磁気分極 P_m と磁界の強さ H の比例係数を $\mu_0 \chi_m$

---

[6] 磁界は B か H かという議論はいまだにあるようです．教科書によっては "電磁気学には EB 対応と EH 対応がある" と書いているのもあります．しかし，筆者はこのような議論には意味がないと思います．電界や磁界は空間の状態量で，2 種類しかありません．電荷が反応する電界 E と電流が反応する磁界 B です．物質の存在とは切り離して議論すべきです．

と書きます．すなわち，
$$P_m = \mu_0 \chi_m H \tag{5.26}$$
と定義されています．χ_m は以下に示すように式 (5.7) で定義した**磁化率**と一致します．

式 (5.26) を式 (5.24) に代入すると
$$H = \frac{1}{\mu_0}(B - \mu_0 \chi_m H) \tag{5.27}$$
ですから，この式を B について解けば，
$$B = \mu_0(H + \chi_m H) = \mu_0(1 + \chi_m)H \tag{5.28}$$
となります．磁性体がないときの磁束密度 B_0 は $\chi_m = 0$ ですから $B_0 = \mu_0 H$ です．よって，
$$B = (1 + \chi_m)B_0 \tag{5.29}$$
となります．この式を式 (5.6) と比較すれば，
$$1 + \chi_m = \mu_r \tag{5.30}$$
という関係があることがわかります．すなわち $\mu_r - 1$ が磁化率です．

外部電流と分極電流を切り離せば，磁性体を磁界に反応する媒質と考えることができます．そこで，**磁性体の透磁率**を次式で定義します．
$$\mu = \mu_0 \mu_r = \mu_0(1 + \chi_m) \; [\text{H/m}] \tag{5.31}$$

磁性体の透磁率を使えば，常磁性体中の磁束密度と磁界の強さの関係は
$$B = \mu H \tag{5.32}$$
となります．式 (5.32) は，真空中の関係 $B = \mu_0 H$ において μ_0 を μ に置き換えたものなので，磁性体が透磁率 μ の空間としてはたらいているようにみえることがわかります[7]．

一般的には磁束密度 B や磁気分極 P_m がベクトルなので，磁界の強さ H もベクトルで，
$$\boldsymbol{H} = \frac{1}{\mu_0}(\boldsymbol{B} - \boldsymbol{P}_m) \tag{5.33}$$
と定義されています．

式 (5.25) を一般化すれば，磁界の強さに対するアンペールの法則になります．これは，

---

[7] $B = \mu H$ を電束密度と電界強度の関係，$D = \varepsilon E$ と比較するときは注意が必要です．外部量は電界では D で磁界では H です．外部量で内部状態を表すという意味では，$E = D/\varepsilon$ と比較するべきです．

閉じた曲線に沿って一回り移動して計算した磁界の強さの周回積分の値は，
その曲線を縁とする面を垂直に貫く外部電流に等しい

と表現されます．これを数学的に定式化すると，

$$\oint_{(C)} \boldsymbol{H} \cdot d\boldsymbol{l} = I \tag{5.34}$$

となります．さらに，誘電体を含んだ変位電流も考慮すると，

$$\oint_{(C)} \boldsymbol{H} \cdot d\boldsymbol{l} = I + \frac{d}{dt}\int_S \boldsymbol{D} \cdot \boldsymbol{n}\, dS \tag{5.35}$$

となります[8]．

例題 5.4 ◆ コイルに，比透磁率 $\mu_r = 200$ の磁性体を挿入して電流を流したところ，$B = 100$ T の磁束密度が発生した．このコイルに磁性体を挿入せず，空心コイルとし，同じ電流を流した場合の磁束密度 B_0 と磁界の強さ H を計算せよ．

解答 ● $B = \mu_r B_0$ より， $B_0 = \dfrac{B}{\mu_r} = \dfrac{100}{200} = 0.5$ T

また， $H = \dfrac{1}{\mu_0}(B - P_m) = \dfrac{B_0}{\mu_0} = \dfrac{0.5}{4\pi \times 10^{-7}} = 3.98 \times 10^5$ A/m

5.1.5 ▶ 磁性体中のエネルギー

ここで，コイルに磁性体を挿入することで磁界に関する量がどのように変化するかを表 5.2 にまとめておきましょう．

表 **5.2** 磁性体の挿入で変化する量

磁束密度	B	真空時の μ_r 倍
鎖交磁束	Φ_L	真空時の μ_r 倍
自己インダクタンス	L	真空時の μ_r 倍

それでは，コイルに電流 I を流したときに蓄えられている電流エネルギー U_i はどうでしょうか．3.5 節で説明したように，電流を 0 から徐々に増やしていって I 流れるまでには，

$$U_i = \frac{\Phi_L I}{2} \tag{5.36}$$

---

[8] ここで，電束密度 $\boldsymbol{D}$ が出てくるのは，外部電流 I と外部電荷 Q が関係 $I = dQ/dt$ を満足しなければならないからです．

の仕事が必要でした．この仕事を計算する過程は，コイルの中に比透磁率 μ_r が一定の常磁性体が入っていても同じですから，式 (5.36) はそのまま使えます．ということは鎖交磁束が μ_r 倍になるのですから電流エネルギー U_i も μ_r 倍になります．

さて，式 (5.36) に式 (5.10) を代入すると，

$$U_i = \frac{1}{2}\mu \frac{N^2 S}{l} I^2 = \frac{1}{2\mu}\left(\mu \frac{NI}{l}\right)^2 Sl = \frac{B^2}{2\mu} Sl \tag{5.37}$$

ですから，磁性体中には単位体積あたり

$$u_b = \frac{B^2}{2\mu} \tag{5.38}$$

のエネルギーが蓄えられていることになります．

しかし，磁界エネルギー密度は式 (3.58) より，

$$u_B = \frac{B^2}{2\mu_0} \tag{5.39}$$

でした．式 (5.38) の磁性体中のエネルギー密度の係数が $1/\mu_0$ ではなく，$1/\mu$ になっているのは，なぜでしょうか．誘電体のときと同じく "磁性体中だから磁界エネルギーも $1/\mu_0$ を $1/\mu$ で置き換えなければならないのではないか" と考えるのは間違いです．磁界も空間状態なので，磁界エネルギーは真空中も磁性体中も変わりません．$1/\mu_0$ で計算しなければなりません．

さて，ここまでは誘電体と同じ流れで話を進めることができるのですが，磁性体中のエネルギーと磁界エネルギーの差を計算すると問題が起こります．単位体積あたりで考えると，

$$u_b - u_B = \frac{1}{2}\left(\frac{1}{\mu} - \frac{1}{\mu_0}\right)B^2 = -\frac{1}{2\mu_0}\alpha_m B^2 \tag{5.40}$$

となるので，右辺がマイナスになってしまいます[9]．つまり，磁性体を入れたコイルに蓄えられているエネルギーはその磁束密度をもつ真空の磁界エネルギーより小さいのです．

誘電体の場合には

誘電体が入った状態の静電エネルギー
＝ 空間に蓄えられた電界エネルギー ＋ 誘電体に蓄えられた束縛エネルギー

で説明ができました．磁性体も磁界と磁気分極に比例関係がある場合には，やはり磁気モーメントに対するバネのエネルギー，束縛エネルギーが必要です．束縛エネルギーが負になることはないので，磁性体の場合には

---

[9] 本節では，$\alpha_m > 0$ の磁性体のみを考えます．次節で述べる反磁性体は $\alpha_m < 0$ なので別の考察が必要です．

磁性体が入った状態の電流エネルギー
　　　＜ 空間に蓄えられた磁界エネルギー ＋ 磁性体に蓄えられた束縛エネルギー

となり，エネルギーの収支が合いません．

　この収支が合わない問題を説明するには，電流エネルギー $\Phi_L I/2$ の意味を再考する必要があります．これは"磁性体が入った状態の全エネルギー"ではなく，あくまでも"電流を増加させて I にするために外部から与えたエネルギー"です．誘電体の場合には，"誘電体が入った状態の全エネルギー"と"電荷を移動させて Q と $-Q$ にするために与えたエネルギー"は等しかったのですが，磁性体の場合には等しくなりません．磁性体内部の磁束密度を所定の値にするのに，外部から与える仕事はそれほど必要がない，というわけです．これは，磁性体には内在しているエネルギーがあるからです．この内在エネルギーとは磁界中におかれた磁気モーメントがもつ位置エネルギーです．

　磁気双極子を磁束密度 B [T] の磁界中においたとき，その磁気双極子モーメントの磁界方向成分を p_m [Wb·m] とすると，磁気双極子は次式で表される位置エネルギー w_m [J] をもちます[10]．

$$w_m = -\frac{p_m B}{\mu_0} \tag{5.41}$$

　ここでマイナスが付いているのがポイントで，磁気双極子の位置エネルギーは磁気モーメント p_m が磁束密度 B と同じ方向で大きくなるほど低くなります．

　式 (5.41) の位置エネルギーを単位体積あたりにすれば，

$$u_m = \frac{w_m N_m}{V} = -\frac{p_m B N_m}{\mu_0 V} = -\frac{1}{\mu_0} P_m B = -\frac{1}{\mu_0} \alpha_m B^2 \tag{5.42}$$

となるので，

$$u_b - u_B - u_m = -\frac{1}{2\mu_0} \alpha_m B^2 + \frac{1}{\mu_0} \alpha_m B^2 = \frac{1}{2\mu_0} \alpha_m B^2 \tag{5.43}$$

となります．式 (5.43) は正の値なので，これがバネによる束縛エネルギーに相当すると考えられます．すなわち，

磁性体が入った状態の電流エネルギー
　　　＝ 空間に蓄えられた磁界エネルギー ＋ 磁性体に蓄えられた束縛エネルギー
　　　　＋ 磁気双極子の位置エネルギー

となります．最後の"磁気双極子の位置エネルギー"が負の値なので，磁性体が入った状態の電流エネルギーが小さくなるのです．

---

[10] 詳細は付録 C を参照してください．

この位置エネルギーは電界中の電気双極子も同様にもっているはずですが，計算には入れませんでした．電気双極子の場合には，電荷が電界に引っ張られて電界方向に移動することで低下する位置エネルギーは電界がする仕事そのものだからです．電気双極子の位置エネルギーは電界エネルギーの中に含まれています．

しかし，磁気双極子はそうではありません．磁荷というものが存在しないので，磁界は物質に対して直接仕事をすることができません．このため，磁気双極子が磁界の方を向くことによるエネルギー低下分は別に計算して加える必要があるのです．

例題 5.5 ◆ 鉄を $B = 3 \times 10^{-5}$ T の地磁気中においた．鉄中に蓄えられたエネルギーの密度 u_b を計算せよ．ただし，鉄の磁化率を $\chi_m = 6999$ とする．

解答 鉄の比透磁率は $\mu_r = 1 + \chi_e = 1 + 6999 = 7000$ であるから，次式になる．
$$u_b = \frac{B^2}{2\mu} = \frac{B^2}{2\mu_r\mu_0} = \frac{(3 \times 10^{-5})^2}{2 \times 7000 \times 4\pi \times 10^{-7}} = 5.12 \times 10^{-8} \text{ J/m}^3$$

5.1.6 ▶ 強磁性と反磁性

磁気双極子はその方向に向いた磁束を作るため，磁気分極が生じると磁束が増えます．磁束密度が増えれば位置エネルギーが下がるので，磁気分極が強くなればなるほどエネルギーが下がります．常磁性体に外部磁界を加えたとき，外部磁界と内部磁界が比例するのは，磁気モーメントの向きをばらばらにしようとする力がそろえようとする力を上回るからです．

しかし，磁気双極子をばらばらにしようとする力が弱い磁性体では，一度磁界方向にそろった磁気分極を作ると，外部磁界を 0 にしてもその磁気分極を保ち続けます．これを**自発分極**といいます．自発分極は比透磁率が非常に大きい**強磁性体**で起こります．**永久磁石**というのは外部磁界がなくても自発分極を保っている強磁性体のことです．

磁気双極子をばらばらにしようとする力は温度に関係していて，温度が高くなるほど強くなります．このため，磁石の温度を高くするとある温度を超えたときに自発分極が消え，磁石ではなくなります．この温度を**キュリー温度**といいます．磁石はキュリー温度より低い温度でなければ磁力を保てません[11]．

一般に，磁気双極子モーメントには到達できる最大値が存在します．リング電流で考えれば，リング電流が磁界方向に完全に向いたときが磁気モーメント最大です．このため，すべての磁気双極子の向きがそろって最大値になってしまえば，それ以上磁

---

[11] 昔は地球の内部に巨大な磁石があり，これが地磁気を発生させていると考えられていました．しかし，地球の中心は温度が高いため，とても永久磁石を保つことはできません．現在は，液体金属が回転することによる電磁誘導とアンペールの法則の組み合わせで発生すると考えられています．

気分極は大きくなれません．強磁性体に印加する磁界を変化させたとき，磁界が弱いときには磁気分極と外部磁界が比例しますが，磁界が強くなると比例関係からはずれ，磁気分極は飽和します．このような状況を，横軸に外部磁界の強さ H，縦軸に磁気分極 P_m を示したグラフで表したのが，図 5.5 です．

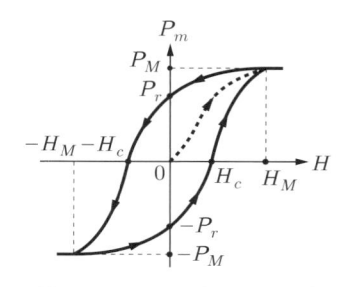

図 5.5 ヒステリシスループ

まず，外部磁界も磁気分極も 0 の点から出発すると，H が小さい間は H と P_m が比例しますが，H が大きくなるにつれ徐々に比例関係からはずれていきます．H がさらに大きくなって H_M を超えると，P_m は飽和して P_M になり，それ以上は増大しません．

そこから，ゆっくり外部磁界 H を下げていくと，H が 0 になっても磁気分極 P_r が残ります．これが自発分極です．しかし，H をさらに下げて負の方向に増加させると，今度は磁気分極 P_m が逆向きになって負の方向に増加し，最終的には逆向きの磁気分極 $-P_M$ で飽和します．そこから再び H を上げていくと，H が 0 のところで逆向きの磁気分極 $-P_r$ が残り，外部磁界を再び正にして増加すれば，また P_M で飽和します．

このように，強磁性体に加えた外部磁界 H を増減させると，磁気分極 P_m は同じ曲線上を往復するのではなく，増加するときと減少するときで別の経路をたどります．この増加時と減少時で異なる経路を通る現象を**ヒステリシス**といい，この閉じた曲線を**ヒステリシスループ**といいます．コイルの中に強磁性体を入れることで，インダクタンスを大きくすることができますが，コイルに大きな交流電流を流すとヒステリシスが現れます．ヒステリシスはエネルギーの損失を伴うので，電気回路で使うときには注意しなければなりません (演習問題 5.3 参照)．

磁性体には，もう一つ誘電体では実現が難しいものが存在します．**反磁性体**です．反磁性体とは外から加えた磁界と逆向きに磁気分極ができる物質です．反磁性体は，磁化率 χ_m が負になります．このため，反磁性体に磁界を加えると，内部磁界は弱くなります．磁気双極子の向きと磁界の向きが同じになるほうがエネルギーが低いのに，なぜ逆に向こうとするのかちょっと不思議ですが，電磁気学的にはこのほうが自然です．

磁石をコイルに近づけると電磁誘導現象によってコイルに電流が流れますが，レンツの法則によれば磁界の増加を妨げる方向に流れます．この電流を分極電流と考えれば，加えた磁界とは逆向きですから反磁性になっています．つまり，反磁性体は電磁気学的には自然な物質であり，常磁性体や強磁性体のほうが変わった物質であるといえます．磁性体というのは実に多様な物質なのです[12]．

例題 5.6 ◆ ヒステリシスループでは，一度磁化した強磁性体の磁気分極 P_m は 0 には戻らないが，実際には $P_m = 0$ にする (消磁する) ことが可能である．なぜか．

解答● 磁性体材料は，数十ミクロンから数ミクロン程度の小さな結晶の粒の集合体，すなわち多結晶構造となっている．各結晶粒(けっしょうりゅう)内で発生している磁気分極のベクトルをさまざまな方向を向かせることができれば，それぞれの磁気分極が打ち消し合って材料全体として $P_m = 0$ となる．この状態は，磁性材料に交流磁界をかけるなどの方法により実現可能である．

5.2 電気抵抗

第 4 章からここまで，物質内部では電界や磁界がどのように変化するかについて説明し，その応用としてコンデンサの静電容量やコイルのインダクタンスを増加させる方法を述べました．しかし，電気回路で最初に習うのは**電気抵抗**です．コイルやコンデンサは主として交流回路で使われますが，電気抵抗は直流回路でも交流回路でも使われるからです．

電気抵抗に関する法則は，回路理論や物理学でも習う**オームの法則**です．

$$V = RI \tag{5.44}$$

ここで，V は抵抗の両端電圧，I は抵抗を流れる電流で，R が電気抵抗です．オームの法則は，アンペールの法則や電磁誘導の法則のような電磁気学の基本法則ではなく，物質の電気的性質を表す法則の一つです．本節では電気抵抗の物理的原理を説明します．

5.2.1 ▶ 摩擦，粘性と抵抗

物体を地面に沿って動かすには力が必要です．この力は地面の表面状態で決まり，地面が氷のようにつるつるなら小さい力でも動きますし，ざらざらの表面なら大きな

---

[12] 原子，分子レベルの微小な世界では，電気双極子が自然にできる自発電気分極が存在します．元来引き合う正電荷と負電荷が自然に分離するこの現象は，電磁気学だけでは説明することはできません．自発的な電気分極をもつ物質を強誘電体といいます．強誘電体は，キュリー温度より低いときには外部電界がなくても電気分極を保つことができます．強誘電体は比誘電率が非常に大きいという特徴があります．

力が必要です．これは物体と地面の間に**摩擦力**がはたらくためです．摩擦力は，ある物体が別の物体の表面を接触しながら動くときに生じる力で，物体の進行方向に対して逆向きに加わります．摩擦力は表面の凹凸が多いほど大きいので，表面を滑らかにすると小さくなります．

摩擦は固体の物体間で起こる現象ですが，物体が空気中や水中を移動するときにも似た現象が起こります．これを**粘性**といいます．粘性は空気や水の中を物体が移動する際に，図 5.6 のように空気分子や水分子が衝突して物体が進むのを妨げようとする現象です．粘性によって物体に加わる力，粘性力 f [N] は，動いている物体の速度 v [m/s] に比例します．

$$f = -av \tag{5.45}$$

a は比例係数です．ここで，マイナス符号がついているのは，粘性力が物体の進行方向 (v の方向) と逆向きに加わることを表しています．粘性を受けながら動いている物体はほかから力を加えなければ自然に減速し，最後は止まってしまいます．このため，物体を動かし続けるには粘性力に逆らった力を加え続けなければなりません．

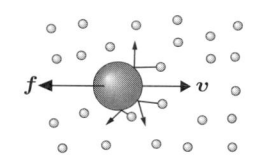

図 5.6 物体が動くときの粘性

さて，電流とは電荷の流れですが，電荷が導体中を動くときには導体を作っている金属原子に衝突して進行方向を変える**散乱**が起こります[13]．金属原子による散乱は，電荷からみれば粘性と同様に衝突によって進行が妨げられるのですから，式 (5.45) と同じ，速度に比例した減速力がかかります．これが電気抵抗の原因になります．

いま，図 5.7 のように導体線の断面積を S [m^2] として，導体中には自由電荷が単位体積 (1 m^3) あたり n 個存在するとします．この自由電荷が速さ v [m/s] で移動すると，1 秒間に電荷は $N = nvS$ 個，断面を通過するので，流れる電流 I [A] は

$$I = qnvS \tag{5.46}$$

となります．ここで，q [C] は自由電荷 1 個の電荷量です[14]．

さて，速度 v で移動している電荷に減速力がはたらくときには，流れを保つために

---

[13] 正確には，振動している金属原子や結晶格子からずれた原子による散乱です．
[14] ここでは，$q > 0$ を仮定しているので，自由電荷の進む方向と電流の方向が一致しています．実際の金属中の自由電荷は電子なので $q < 0$ ですが，電荷の進む方向が電流と逆になるだけで，結果は同じです．

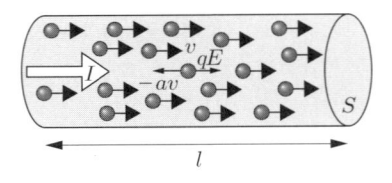

図 5.7 導体と抵抗

外部から力を加えなければなりません．電荷に力を加えるには電界 E [V/m] を流れに平行に加えます．すると電界から受ける力と減速力の合計が 0 になるとき，すなわち，

$$qE - av = 0 \tag{5.47}$$

の条件を満足するときに電荷は一定速度で流れることになります．これより流れの速度 v を求めれば

$$v = \frac{qE}{a} \tag{5.48}$$

となり，これを電流の式 (式 (5.46)) に代入すれば，

$$I = qnvS = \frac{q^2 nS}{a} E \tag{5.49}$$

となります．電界 E は導体線に沿って一定であるとして，導体線の長さを l [m] とすると，導体線の両端電圧は $V = El$ [V] ですから，

$$I = \frac{q^2 nS}{a} \frac{V}{l} = \frac{q^2 nS}{al} V \tag{5.50}$$

となります．これをオームの法則，$V = RI$ と比較すれば

$$R = \frac{al}{q^2 nS} \tag{5.51}$$

となります．これが**電気抵抗**，略して，抵抗です．抵抗の単位は Ω (オーム) です．電気抵抗とは，電荷が導体中を流れるときに導体の原子から受ける減速力の強さを表しています．

式 (5.51) の中で，抵抗の長さ l と抵抗の断面積 S は抵抗の外形を示す値です．これに対し，減速力の比例係数 a や電荷 q，電荷数の密度 n は導体の材質で決まり，抵抗のサイズには関係ありません．そこで，抵抗のサイズに関係する量 (l と S) を省いた．

$$\rho = \frac{a}{q^2 n} \tag{5.52}$$

を**抵抗率**といいます．抵抗率は導体の材質によって決まる値で，単位は Ω·m です．いくつかの金属の抵抗率を表 5.3 に示します．

5.2 電気抵抗

表 **5.3** 抵抗率 ρ (0°C)

アルミニウム	2.50×10^{-8}	銀	1.47×10^{-8}
タングステン	4.9×10^{-8}	金	2.05×10^{-8}
ニッケル	6.2×10^{-8}	水銀	94.1×10^{-8}
銅	1.55×10^{-8}		

単位：$\Omega \cdot \mathrm{m}$

材質の抵抗率がわかれば

$$R = \rho \frac{l}{S} \tag{5.53}$$

となるので，抵抗は長さに比例し，断面積に反比例することがわかります．抵抗が長さに比例するのは，同じ電界強度を与えるには抵抗が長いほど大きな電位差が必要だからです．また，抵抗が断面積に反比例するのは，断面積が大きいほど一度に流れる自由電荷数が増えるからです．

オームの法則 $V = RI$ を

$$\frac{V}{l} = \rho \frac{I}{S} \tag{5.54}$$

と変形すると，単位面積あたりを流れる電流，**電流密度** $i = I/S$ $[\mathrm{A/m^2}]$ を用いて

$$E = \rho\, i \tag{5.55}$$

となります．E や i は長さや断面積に関係のない量ですから，式 (5.55) は形状に関係なく抵抗中の各点で決まるオームの法則になります．

図 5.8 のように，電気抵抗を直列または並列に接続したときの**合成電気抵抗**を計算しましょう．

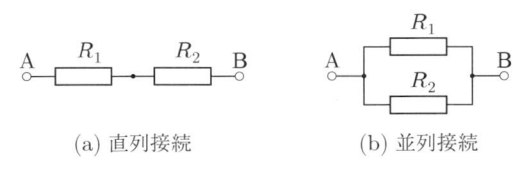

(a) 直列接続 (b) 並列接続

図 **5.8** 電気抵抗の直列接続と並列接続

まず，**直列接続**を考えます．図 5.8(a) のように 2 個の抵抗 R_1 $[\Omega]$ と R_2 $[\Omega]$ を直列につないで，端子 AB 間の電位差を V [V] にします．それぞれの抵抗の電位差を V_1 [V]，V_2 [V] とすれば，直列接続なので，

$$V = V_1 + V_2 \tag{5.56}$$

です．このとき，流れる電流 I [A] は，抵抗 R_1 も抵抗 R_2 も共通ですから，

$$V_1 = R_1 I, \qquad V_2 = R_2 I \tag{5.57}$$

という二つの関係が同時に成り立ちます．それゆえ

$$V = R_1 I + R_2 I = (R_1 + R_2) I \tag{5.58}$$

となります．AB間の合成電気抵抗を R [Ω] とすると，$V = RI$ ですから，

$$R = R_1 + R_2 \tag{5.59}$$

となります．直列接続の合成電気抵抗 R は，R_1 と R_2 のいずれよりも大きくなります．これは抵抗を直列に接続することで抵抗が長くなるからだと考えられます．

次に，図 (b) のような**並列接続**を考えます．並列接続の場合には 2 個の抵抗に同じ端子電圧 V [V] が加わるので，それぞれの抵抗を流れる電流 I_1 [A] と I_2 [A] が異なります．

$$I_1 = \frac{V}{R_1}, \qquad I_2 = \frac{V}{R_2} \tag{5.60}$$

端子 AB 間を流れる電流 I [A] は I_1 と I_2 の合計なので，

$$I = I_1 + I_2 \tag{5.61}$$

です．AB 間の合成電気抵抗を R [Ω] とすると，$I = V/R$ にならなければならないので，

$$\frac{V}{R} = \frac{V}{R_1} + \frac{V}{R_2} \tag{5.62}$$

となります．これより

$$\frac{1}{R} = \frac{1}{R_1} + \frac{1}{R_2} \tag{5.63}$$

となります．両辺の逆数を計算すると，

$$R = \frac{1}{\dfrac{1}{R_1} + \dfrac{1}{R_2}} = \frac{R_1 R_2}{R_1 + R_2} \tag{5.64}$$

となります．並列接続の合成電気抵抗 R は，R_1 と R_2 のいずれよりも小さくなります．これは断面積が増える，つまり太くなるからだと考えられます．

例題 5.7 ◆ 表 5.3 を使って断面積 $S = 1 \text{ mm}^2$，長さ $l = 2$ m の銅線の抵抗を計算せよ．

解答 ● 銅の抵抗率は $\rho = 1.55 \times 10^{-8}$ Ω·m なので，次式になる．

$$R = \rho \frac{l}{S} = \frac{1.55 \times 10^{-8} \times 2}{1 \times 10^{-6}} = 0.031 \text{ Ω}$$

5.2.2 ▶ 電気抵抗によるエネルギー消費

摩擦力に逆らって物体を運動させるには、力を加えながら物体を移動させるのですから仕事を与えなければなりません。摩擦は、物体と物体がこすれ合うことで起きますが、こすれ合うときに熱を発生するので、与えた仕事は熱エネルギーに変わります。熱エネルギーは物体の温度を上げることに使われ、最終的にはどこかに逃げていってしまいます。

電気抵抗も同様です。いま、断面積 S [m^2]、長さ l [m] の抵抗を考えます。電界強度 E [V/m] の電界中を電荷 q [C] が散乱を受けながら移動すると、1個の電荷が抵抗に入ってから出るまでに電界が与える仕事 w [J] は

$$w = qEl \tag{5.65}$$

となります。電荷は加速して運動エネルギーが増加したり位置エネルギーが増加したりしたわけではないので、この仕事はどこかで消費されたはずです。

電荷の速度を v [m/s] とすると、抵抗を通過する時間は l/v [s] で、この間に w [J] のエネルギーを発生したのですから、1個の電荷は1秒間あたり

$$\frac{w}{l/v} = qEv \tag{5.66}$$

の仕事を受け取ってどこかで消費したことになります。電荷は単位体積あたり n 個あって、抵抗の断面積は S [m^2] ですから、抵抗内の全電荷数は $N = nSl$ 個です。よって、1秒間に抵抗が消費したエネルギー(**消費電力**)P [W] は

$$P = qEvN = qEvnSl = (El)(qnvS) \tag{5.67}$$

となります。この式で、El は電位差 V に等しく、$qnvS$ は電流 I に等しいのですから、

$$P = VI \tag{5.68}$$

となります。この式は式 (2.17) と一致します。オームの法則、$V = RI$ を代入すれば、

$$P = RI^2 \tag{5.69}$$

となります。この式の両辺を抵抗の体積、Sl [m^3] で割ると、単位体積あたりの消費電力 p [W/m^3] が得られます[15]。

$$p = \rho i^2 \tag{5.70}$$

p は抵抗の形状に関係なく抵抗内部の各点で決まります。

電気抵抗の消費電力は、抵抗内部を流れる電荷が1秒間あたりに失ったエネルギーです。この消費したエネルギーの使い道こそが電気の応用であり、熱を出すことに使えば暖房器具になり、光を出すことに使えば照明器具になります。

---

15) 式 (5.53) と $i = I/S$ を使って確かめてください。

ところで，抵抗で消費されるエネルギーはどの方向からくると思いますか？ 図 5.9 に示すように抵抗に電流が流れている状態を考えましょう．このとき，電界 E は電流を流そうとする方向に生じるので電流と同じ向きです．電流が流れると生じる磁界 B は，電流の向きに対して右ねじの方向ですから図の破線矢印の方向になります．

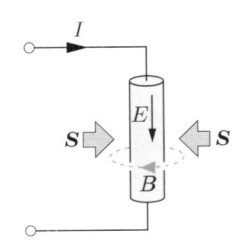

図 5.9 抵抗への電磁エネルギーの流入

ということは，ポインティングベクトル S は抵抗に垂直に外から抵抗器のほうに向かって指すことになります．つまり，外の空間から入ってくるというのが正解です．これは電気エネルギーが空中を伝わっていくという 3.6 節の話が，最終的に抵抗での消費まで続いていることを示しています．

電流を作っているのが電荷という物体で，それが動くことでエネルギーを運んでくるような気がしますが，実際には電荷がエネルギーをもってくるのではなく，電荷が発生している電界や磁界がエネルギーをもち，電気抵抗は空間を飛んできた電界や磁界のエネルギーを消費しているのです[16]．

例題 5.8 ◆ 2 個の抵抗 R_1, R_2 を，図 5.8 のように直列または並列につないでその両端 AB に電圧 V [V] を加えた．このとき，回路全体の消費電力はそれぞれの抵抗での消費電力の合計に等しいことを示せ．
....
解答● 直列の場合：2 個の抵抗それぞれの電位差を V_1 [V], V_2 [V] とすると，$V = V_1 + V_2$ である．流れる電流を I [A] とすれば，どちらの抵抗にも同じ電流が流れるので，全消費電力 $P = VI$ [W] は $P = (V_1 + V_2)I = V_1 I + V_2 I$ となり，各抵抗での消費電力の合計になる．

並列の場合：2 個の抵抗に流れる電流を I_1 [A], I_2 [A] とすると，回路全体の電流は $I = I_1 + I_2$ である．両端電圧は共通で V であるから，全消費電力 $P = VI$ [W] は $P = V(I_1 + I_2) = VI_1 + VI_2$ となり，やはり各抵抗での消費電力の合計になる．

---

[16] 動いている電荷は運動エネルギーをもっています．このため，電荷が高速で動くときには運動エネルギーを考慮に入れる必要があります．

▶▶▷ 演習問題 ◁◀◀

5.1 図 5.10 のように断面積 S [m^2], 長さ l [m] の N 回巻きコイルに電流 I [A] を流した.
(1) このコイルを磁気双極子とみなしたときの磁気双極子モーメント p_m [Wb·m] を, 電流 I を用いて表せ.
(2) このコイルの内部を比透磁率 μ_r の磁性体で満たすと, 磁気双極子モーメント p_m の値はどう変化するか.

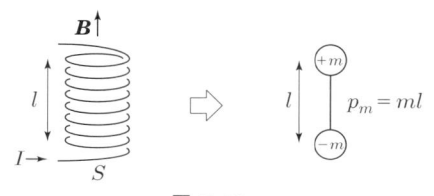

図 5.10

5.2 断面積 $S = 5$ cm^2, 長さ $l = 4\pi$ [cm], 巻き数 $N_1 = 300$ の空心コイルに電流 I [A] を流している.
(1) このコイルに比透磁率 $\mu_r = 7$ の磁性体を挿入した場合の自己インダクタンス L_1 [H] を計算せよ. ただし, 長岡係数は $K = 1$ とする.
(2) この磁性体を挿入したコイルの外側に巻き数 $N_2 = 400$ のコイルを巻いた. 断面積は内側コイルとほぼ等しく $S = 5$ cm^2 とおいてよいとする. 相互インダクタンス M を計算せよ.

5.3 ヒステリシス特性を示す強磁性体を挿入したソレノイドコイルがある. コイルに交流電流を流したとき, 一周期あたりのエネルギー損失があることを電流と鎖交磁束のグラフを使って示せ.

5.4 図 5.11 のように一様な磁束密度 B [T] の磁界中に垂直におかれた厚さ d [m], 幅 l [m] の導電性の物質に電流 I [A] を流すと, 磁界中で導体棒を移動させたときのように, 磁界にも電流にも垂直な方向に起電力 V_e [V] が生じる. この現象は**ホール効果**とよばれ, $R_H = V_e d/IB$ をホール係数という.

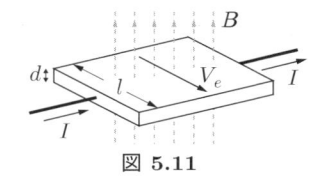

図 5.11

ホール係数は抵抗率と同様に物質により値が異なる物質定数である. この物質中には自由に動くことのできる電荷量 q [C] の電荷が 1 m^3 あたり n 個存在するとして, ホール係数を q と n で表せ (ヒント:電荷が速度 v で進んでいるとして計算する.).

5.5 半径 a [m], 長さ l [m] の円筒抵抗の長さ方向に電圧 V [V] を加えると, 電流 I [A] が流れた. このとき, 電界が一様に発生するとして, 抵抗の側面から流入する電力 P [W] が抵抗の消費電力に等しいことを示せ.

Wide Scope 5　透磁率0の物質 – 超伝導体

磁束密度 B_0 の磁界中におかれた物質内部の磁束密度を B とすると，比透磁率は $\mu_r = B/B_0$ で表されます．よって，透磁率0の物質とは外部から磁界を加えても内部磁界が0になる物質のことです．この世にはそういう特殊な物質が存在します．超伝導体です．超伝導体といえば極低温で抵抗が0になる物質であることはよく知られていますが，もう一つの性質が，この "内部磁界が0になる" というものです．この外部の磁界にかかわらず内部の磁界を0にしようとする性質のため，図5.12のように温度が高くて超伝導でない状態 (常伝導状態) で磁界を加え，そのまま温度を下げていくと，超伝導状態に変化したときに内部を貫いていた磁束が物質の外に押し出されます．磁束が強制的に排除されて内部磁界が0になるのです．この性質をマイスナー効果といいます．

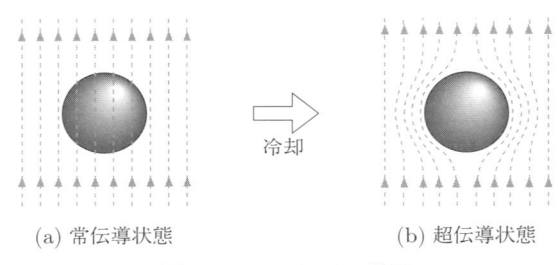

(a) 常伝導状態　　　　冷却　　　　(b) 超伝導状態

図 5.12　マイスナー効果

電磁気学的には，レンツの法則により磁界が時間的に変化しようとするのを妨げようとします．このため，磁束密度0の状態から増加させていくときに導体内の磁束を0に保とうとすることは考えられるのですが，最初から貫いている磁束を外に押し出すことはできません．すなわち，マイスナー効果は電磁気学では説明できないのです．マイスナー効果自体は説明できませんが，ここでマイスナー効果の存在に伴う超伝導現象の特徴を電磁気学で考えてみましょう[17]．

まず，超伝導体を流れる電流は超伝導体の内部を流れることができません．なぜなら，超伝導体の内部を電流が流れれば，アンペールの法則により内部に磁界が生じなければならず，マイスナー効果と矛盾するからです．このため，電流は超伝導体の表面を流れます．

次に，マイスナー効果で貫いていた磁束を物質の外へ押し出すにはエネルギーが必要です．外部磁界にさらされた表面電流には力がかかりますが，この力は超伝導体を押し込む方向にかかります．マイスナー効果によって磁束を外に押し出すには，この力に逆らって電流を移動させなければならず，この移動に仕事が必要なのです．この力は磁束の圧力であり，図(b)のように押し出した磁束の圧力で超伝導体を空中に浮かび上がらせることもできます．

さて，超伝導現象は極低温で起こります．常温では超伝導もマイスナー効果も示さない物

[17) ここでは単純な第1種超伝導体を考えます．超伝導体にはこのほかに第2種の超伝導体とよばれる，磁束と共存する超伝導体もあります．

質が，冷却されるとある臨界温度で突然超伝導になり，マイスナー効果が現れます．水の温度を下げると摂氏0度で氷になりますが，同じ物質でもある温度を境に異なる状態に移行することを，相転移といいます．水は0度で氷になりますが，これは0度より低くなると，氷のような固体になるほうが液体の水よりもエネルギーが低いためです．

　常伝導状態から超伝導状態への移行も相転移の一種です．すなわち，臨界温度以下になったときに超伝導状態のほうがエネルギーが低くなるので超伝導に移行します．ところがマイスナー効果を起こすには余分なエネルギーが必要なので，強い磁界を加えると超伝導になるほうがエネルギーが高くなってしまいます．この結果，ある強さ以上の磁界中では超伝導になることができません．この磁界を臨界磁界といいます．超伝導は磁界に弱いのです．

　超伝導は，抵抗が0であることが強調されますが，どちらかといえばマイスナー効果を示す物質，すなわち磁束を排除する物質で，超伝導電流はその結果にすぎないとも考えられます．なぜなら，外部磁界が存在しているときに内部磁界を0に保つには，必ず電流が流れなければなりませんが，この電流は抵抗があれば時間とともに減衰して0にならなければなりません．しかし，表面電流が消えると内部磁界を0に保つことはできません．結果的に，マイスナー効果を示すには電流が流れ続けるしかないというわけです．

　極低温になるとなぜマイスナー効果が起こるのか，なぜ電気抵抗が突然0になるのかの説明は物性理論の大きな成果です．電磁気学が理解できたら，次は電磁気学では説明できない現象も勉強してみてください．

第6章 マクスウェル方程式と電磁波

　電磁気学は1861年のマクスウェル理論によって完成しました．完成までの歴史をたどると，まずクーロンの法則で点電荷と点電荷の力関係が明らかになり，次に電池が発明されて電流の実験が可能となって，これによって電流と磁界の関係であるアンペールの法則が発見されました．そしてファラデーの電磁誘導で電気と磁気の関係がみつかって大きな転機を迎え，電界や磁界という場の理論に発展して最終的にマクスウェルが集大成をしたのです．単に集大成をしただけではなく，集大成の過程でそれまでの理論に不完全さがあることに気づきました．この不完全な部分を補ったのが3.7節で述べた**変位電流**です．変位電流の導入により電磁気学が完成しただけではなく，それによって真空中を伝わる波動，**電磁波**の存在が明らかになりました．

　本書では，第1章から第3章にかけて電磁気学の基本法則を順番に述べてきました．最終章である本章ではこれらをまとめて電磁気学を体系化し，それを微分形に変形してより使いやすい方程式にする方法について述べます．そして，最後に微分形の方程式から，マクスウェルが導いたもっとも重要な結論である電磁波の存在を証明します[1]．

6.1　積分形のマクスウェル方程式のまとめ

　マクスウェルの電磁界理論によれば，電磁気学は四つの基本法則にまとめることができます．この四つの法則は第1章から第3章にかけて説明してきた積分形のマクスウェル方程式で記述されます．

$$\oint \boldsymbol{E} \cdot \boldsymbol{n}\, dS = \frac{Q}{\varepsilon_0} \qquad 電界のガウスの法則 (1.8節)$$

$$\oint \boldsymbol{B} \cdot \boldsymbol{n}\, dS = 0 \qquad 磁界のガウスの法則 (2.2節)$$

---

[1] 本章では，記述を簡潔にするため，単位は省略します．

$$\oint_{(C)} \boldsymbol{E} \cdot d\boldsymbol{l} = -\frac{d}{dt} \int_S \boldsymbol{B} \cdot \boldsymbol{n} \, dS \qquad \text{電磁誘導の法則 (3.2 節)}$$

$$\oint_{(C)} \boldsymbol{B} \cdot d\boldsymbol{l} = \mu_0 \left(I + \varepsilon_0 \frac{d}{dt} \int_S \boldsymbol{E} \cdot \boldsymbol{n} \, dS \right) \qquad \text{拡張されたアンペールの法則 (3.7 節)}$$

最後の "拡張されたアンペールの法則" とは，電界の時間変化が磁界を作る効果をもつ**変位電流**を含めたアンペールの法則のことです (3.7 節)．変位電流はマクスウェルが理論を完全にするために導入したもので，電磁波の存在を示すには不可欠です．

積分形のマクスウェル方程式における "積分" とは，曲面上での面積分や曲線上での線積分のことです．電磁界の法則が積分量で表されることは，電界や磁界が空間各点で独立して存在しているのではなく，お互いに影響を及ぼし合っていることを意味します．

しかし，積分形のマクスウェル方程式は積分するための図形を考えなければならないため，対称性の良い条件を満足するときを除いて，電磁界の計算には不便です．そこで，積分形のマクスウェル方程式がどんな曲面でもどんな曲線でも成り立つことを利用して，まず非常に小さな図形で方程式を考え，次にその図形を極限的に小さくするという操作をすることで，図形によらない方程式に変換することができます．集積である積分に対し，それを微小図形で考えて極限をとるということは微分を利用することにほかなりません．そこで，この極限操作で得られる方程式を**微分形のマクスウェル方程式**といいます．微小な図形で考えれば，その図形内部での物理量の変化が小さいので，一定であるという近似が使えます．また，微小ならば計算に都合の良い形を選ぶこともできます．ただし，空間的に変化する関数についての微分を考える必要があるので，偏微分の知識が必要です．偏微分については付録 A で解説しているので，不慣れな場合にはまずそちらを学習してから以下の節に進んでください．

6.2 電界および磁界のガウスの法則

まず，式 (1.45) で表される**電界のガウスの法則**を考えます．電界のガウスの法則を言葉で表せば，

有限な大きさの空間領域の表面から出ていく電気力線の数は，
その領域内に存在する全電荷量の $1/\varepsilon_0$ 倍に等しい

となります．これを考えるのにもっとも簡単な閉曲面は直方体です．

いま，図 6.1 のように，ある点 (x, y, z) を基点として，x 方向に h，y 方向に k，z 方向に l の幅をもつ直方体を考えます．直方体には面が 6 枚ありますが，これに図のよう

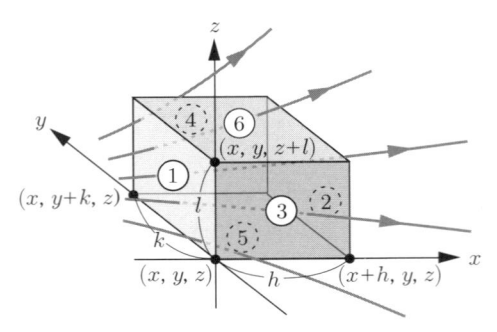

図 **6.1** ガウスの法則を計算するための直方体

な番号を付けます．電界ベクトルと面に垂直な方向 (法線方向) との角度が θ の場合，電気力線数 N と電界強度 E の間には式 (1.41) より

$$N = ES\cos\theta \tag{6.1}$$

の関係があります．ここで S は電気力線が貫く面の面積です．直方体における各面の法線方向は，図からわかるように，x 軸，y 軸，z 軸のいずれかに平行ですから，$E\cos\theta$ は面に垂直な軸方向の成分になります．表 6.1 に，それぞれの面における方向と $E\cos\theta$ に対応する成分を示します．

表 **6.1** 面と電界成分の対応

面番号	面積	法線方向	$E\cos\theta$	面番号	面積	法線方向	$E\cos\theta$
①	kl	$-x$ 方向	$-E_x$	②	kl	x 方向	E_x
③	lh	$-y$ 方向	$-E_y$	④	lh	y 方向	E_y
⑤	hk	$-z$ 方向	$-E_z$	⑥	hk	z 方向	E_z

式 (6.1) と表 6.1 を使って各面を貫く電気力線数を計算しましょう．まず，面①を貫く電気力線数 N_1 は，座標が (x,y,z)，面積が kl，$E\cos\theta = -E_x$ ですから，

$$N_1 = -E_x(x,y,z)\,kl \tag{6.2}$$

です．これに対し，面②を貫く電気力線数 N_2 は，x の座標が h ずれていて，$E\cos\theta = E_x$ なので

$$N_2 = E_x(x+h,y,z)\,kl \tag{6.3}$$

となります．ほかの面についても同様で，以下のようになります．座標のずれに注意してください．

$$\begin{aligned} N_3 &= -E_y(x,y,z)\,lh, & N_4 &= E_y(x,y+k,z)\,lh \\ N_5 &= -E_z(x,y,z)\,hk, & N_6 &= E_z(x,y,z+l)\,hk \end{aligned} \tag{6.4}$$

式 (6.2)〜(6.4) の合計が直方体から外向きに出ていく電気力線数 N になります.

$$\begin{aligned}
N &= N_1 + N_2 + N_3 + N_4 + N_5 + N_6 \\
&= E_x(x+h,y,z)kl - E_x(x,y,z)kl \\
&\quad + E_y(x,y+k,z)hl - E_y(x,y,z)hl \\
&\quad + E_z(x,y,z+l)hk - E_z(x,y,z)hk
\end{aligned} \quad (6.5)$$

式 (6.5) の右辺第 1 項と第 2 項の和は,付録 A の式 (A.14) のように偏微分を用いて近似することができます.

$$E_x(x+h,y,z)kl - E_x(x,y,z)kl \fallingdotseq \frac{\partial E_x}{\partial x} hkl \quad (6.6)$$

同様に,第 3 項と第 4 項の和や第 5 項と第 6 項の和も偏微分を使って近似すれば,直方体から出ていく電気力線数は,

$$N = \frac{\partial E_x}{\partial x}hkl + \frac{\partial E_y}{\partial y}hkl + \frac{\partial E_z}{\partial z}hkl = \left(\frac{\partial E_x}{\partial x} + \frac{\partial E_y}{\partial y} + \frac{\partial E_z}{\partial z}\right)hkl \quad (6.7)$$

となります.電界のガウスの法則によれば,N は直方体内部の電荷量 Q を ε_0 で割ったものに等しいのですから,

$$\left(\frac{\partial E_x}{\partial x} + \frac{\partial E_y}{\partial y} + \frac{\partial E_z}{\partial z}\right)hkl = \frac{Q}{\varepsilon_0} \quad (6.8)$$

となります.両辺を体積 hkl で割ると,右辺に電荷 Q を体積 hkl で割った量 Q/hkl が出てきます.これは単位体積あたりの電荷量なので,**電荷密度** (体積電荷密度) です.電荷密度を ρ と書けば次式が得られます.

$$\frac{\partial E_x}{\partial x} + \frac{\partial E_y}{\partial y} + \frac{\partial E_z}{\partial z} = \frac{\rho}{\varepsilon_0} \quad (6.9)$$

これが微分形の電界のガウスの法則です.式 (6.9) は空間の各点で成り立ち,もはや図形を考える必要はありません.しかし,偏微分は近くの点の値の差を取って計算した変化率ですから,接近した点における電界間の関係は保持しています.

式 (6.9) の左辺を

$$\operatorname{div} \boldsymbol{E} = \frac{\partial E_x}{\partial x} + \frac{\partial E_y}{\partial y} + \frac{\partial E_z}{\partial z} \quad (6.10)$$

と書いて,これをベクトル $\boldsymbol{E}$ の**ダイバージェンス** (divergence) といいます.日本語で**発散**という意味です.$\boldsymbol{E}$ のダイバージェンスを使うと電界のガウスの法則は

$$\operatorname{div} \boldsymbol{E} = \frac{\rho}{\varepsilon_0} \quad (6.11)$$

と書くことができます．ダイバージェンスは ∇ と $\boldsymbol{E}$ の内積に対応した形をしているので，式 (6.11) は

$$\nabla \cdot \boldsymbol{E} = \frac{\rho}{\varepsilon_0} \tag{6.12}$$

とも書きます[2]．

さて，式 (2.13) で表される**磁界のガウスの法則**を言葉で表すと

有限な大きさの空間領域の表面から出ていく磁束の総量は 0 である

でした．よって，電気力線とほとんど同じ手順で微分形にすることができます．異なるのは，磁荷が存在しないので電荷密度 ρ に相当するものが 0 であることだけです．よって，

$$\frac{\partial B_x}{\partial x} + \frac{\partial B_y}{\partial y} + \frac{\partial B_z}{\partial z} = 0 \tag{6.13}$$

が微分形の磁界のガウスの法則です．ダイバージェンスを使えば，

$$\mathrm{div}\,\boldsymbol{B} = 0 \tag{6.14}$$

となります．

6.3 電磁誘導の法則

次に電磁誘導の法則を微分形にしましょう．式 (3.8) で表される**電磁誘導の法則**を言葉で表すと

**ある面の周囲に沿って発生する起電力は
その面を貫く磁束の時間変化率に等しい**

でした．面には方向があるため，ガウスの法則のように直方体一つでは話ができず，方向に応じた方程式を考えなければなりません．代表として x–y 平面におかれた長方形を使って計算します．このとき，面を貫く向きは z 方向です．

図 6.2 のような，ある点 (x, y, z) を基点として，x 方向に h，y 方向に k の幅をもつ長方形 ABCD を考えます．z 方向を正の向きにとれば，右ねじ方向にたどる閉経路は $\mathrm{A} \to \mathrm{B} \to \mathrm{C} \to \mathrm{D} \to \mathrm{A}$ なので，この方向に沿った起電力を計算します．

まず，$\mathrm{A} \to \mathrm{B}$ での線に沿った起電力 V_{AB} は，座標が (x, y, z) で，x 方向に移動し，移動長が h なので，

---

[2] $\nabla = \left(\dfrac{\partial}{\partial x},\, \dfrac{\partial}{\partial y},\, \dfrac{\partial}{\partial z} \right)$ です．詳細は付録 A で説明しています．

6.3 電磁誘導の法則

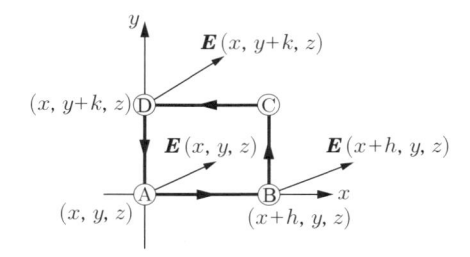

図 6.2 電磁誘導の法則を計算するための長方形

$$V_{AB} = E_x(x,y,z)h \tag{6.15}$$

となります．次の B → C では座標が x 方向に h ずれ，y 方向に移動し，移動長が k なので，

$$V_{BC} = E_y(x+h,y,z)k \tag{6.16}$$

となります．次の C → D では座標が y 方向に k ずれ，移動長が h ですが，経路の向きが $-x$ 方向なので，

$$V_{CD} = -E_x(x,y+k,z)h \tag{6.17}$$

となります．最後に D → A では座標は元の (x,y,z) に戻り，移動長が k ですが，経路の向きが $-y$ 方向なので，

$$V_{DA} = -E_y(x,y,z)k \tag{6.18}$$

となります．これらすべてを加えたものが 1 周の起電力 V_e ですから

$$\begin{aligned}V_e &= V_{AB} + V_{BC} + V_{CD} + V_{DA} \\ &= E_x(x,y,z)h + E_y(x+h,y,z)k - E_x(x,y+k,z)h - E_y(x,y,z)k\end{aligned} \tag{6.19}$$

となります．右辺第 1 項と第 3 項の合計を偏微分を使って近似すれば，

$$E_x(x,y,z)h - E_x(x,y+k,z)h \fallingdotseq -\frac{\partial E_x}{\partial y}hk \tag{6.20}$$

となり，第 2 項と第 4 項の合計は

$$E_y(x+h,y,z)k - E_y(x,y,z)k \fallingdotseq \frac{\partial E_y}{\partial x}hk \tag{6.21}$$

となります．よって，起電力は

$$V_e = \frac{\partial E_y}{\partial x}hk - \frac{\partial E_x}{\partial y}hk = \left(\frac{\partial E_y}{\partial x} - \frac{\partial E_x}{\partial y}\right)hk \tag{6.22}$$

と近似されます．さて，長方形 ABCD を貫く磁束を Φ_z とすると，電磁誘導の法則 (式 (3.3)) より，

$$V_e = -\frac{d\Phi_z}{dt} \tag{6.23}$$

が成り立ちます．磁束は z 方向に貫いていて，長方形の面積が hk ですから，z 方向の磁束密度 B_z を使って $\Phi_z = B_z hk$ となります．よって，

$$\left(\frac{\partial E_y}{\partial x} - \frac{\partial E_x}{\partial y}\right) hk = -\frac{\partial B_z}{\partial t} hk \tag{6.24}$$

となります．この式の両辺を hk で割ると，

$$\frac{\partial E_y}{\partial x} - \frac{\partial E_x}{\partial y} = -\frac{\partial B_z}{\partial t} \tag{6.25}$$

が得られます．これが，z 方向の磁束密度が時間的に変化するときの微分形の電磁誘導の法則です．ここで，元の電磁誘導の法則は，磁束が時間だけの関数だったので 1 変数の時間微分だったのですが，式 (6.25) では磁束密度 B_z が座標の関数でもあるので，時間に関しての偏微分になっていることに注意してください．

空間は 3 次元なので，このほかに y–z 平面にある長方形を x 方向に磁束が貫くときの方程式と，z–x 平面にある長方形を y 方向に磁束が貫くときの方程式があります．

$$\frac{\partial E_z}{\partial y} - \frac{\partial E_y}{\partial z} = -\frac{\partial B_x}{\partial t} \quad (x\,方向) \tag{6.26}$$

$$\frac{\partial E_x}{\partial z} - \frac{\partial E_z}{\partial x} = -\frac{\partial B_y}{\partial t} \quad (y\,方向) \tag{6.27}$$

これら三つの方程式を合わせると，

$$\mathrm{rot}\,\boldsymbol{E} = -\frac{\partial \boldsymbol{B}}{\partial t} \tag{6.28}$$

というベクトルの方程式になります．これが微分形の電磁誘導の法則です．

ここで，

$$\mathrm{rot}\,\boldsymbol{E} = \left(\frac{\partial E_z}{\partial y} - \frac{\partial E_y}{\partial z},\, \frac{\partial E_x}{\partial z} - \frac{\partial E_z}{\partial x},\, \frac{\partial E_y}{\partial x} - \frac{\partial E_x}{\partial y}\right) \tag{6.29}$$

で定義されるベクトルを，$\boldsymbol{E}$ の**ローテーション** (rotation) といいます．日本語で回転という意味です．ローテーションは ∇ と $\boldsymbol{E}$ の外積に対応した形をしているので，式 (6.28) は

$$\nabla \times \boldsymbol{E} = -\frac{\partial \boldsymbol{B}}{\partial t} \tag{6.30}$$

とも書きます．

なお，静電界が満足する積分形の方程式 (式 (1.74)) は，電磁誘導の法則において磁界の時間変化が 0 の場合に相当します．よって，式 (6.28) の右辺を 0 にした

$$\operatorname{rot} \boldsymbol{E} = 0 \tag{6.31}$$

が，静電界が満足する微分形の方程式です．

6.4 拡張されたアンペールの法則

最後に，拡張されたアンペールの法則を微分形にしましょう．まず，式 (2.39) で表される変位電流のない**アンペールの法則**を微分形に変形します．これを言葉で表せば，

閉じた曲線に沿って一回り移動して計算した磁界の周回積分は，
その曲線を縁とする面を垂直に貫く電流の μ_0 倍に等しい

となります．ここで，磁界の周回積分 $\oint \boldsymbol{B} \cdot d\boldsymbol{l}$ は，起電力 $\oint \boldsymbol{E} \cdot d\boldsymbol{l}$ において $\boldsymbol{E}$ を $\boldsymbol{B}$ に置き換えた量ですから，電磁誘導の法則を導いたのと同じように，長方形を用いて計算します．電磁誘導のときと同じく，図 6.2 のような x-y 平面において，ある点 (x, y, z) を基点として，x 方向に h，y 方向に k の幅をもつ長方形 ABCD を考えます．z 方向を正の向きにとれば，右ねじ方向は A→B→C→D→A です．

考え方は起電力のときと同じなので，A→B での積分値を N_{AB}，B→C での積分値を N_{BC}，C→D での積分値を N_{CD}，D→A での積分値を N_{DA} とすれば，

$$\begin{aligned} N_{\mathrm{AB}} &= B_x(x,y,z)h, & N_{\mathrm{BC}} &= B_y(x+h,y,z)k \\ N_{\mathrm{CD}} &= -B_x(x,y+k,z)h, & N_{\mathrm{DA}} &= -B_y(x,y,z)k \end{aligned} \tag{6.32}$$

となります．これらすべてを加えたものが周回積分 N_b ですから

$$\begin{aligned} N_b &= N_{\mathrm{AB}} + N_{\mathrm{BC}} + N_{\mathrm{CD}} + N_{\mathrm{DA}} \\ &= B_x(x,y,z)h + B_y(x+h,y,z)k - B_x(x,y+k,z)h - B_y(x,y,z)k \end{aligned} \tag{6.33}$$

となります．この式は，式 (6.19) において，E を B で置き換えたものですから，偏微分で近似すれば，

$$N_b = \left(\frac{\partial B_y}{\partial x} - \frac{\partial B_x}{\partial y}\right)hk \tag{6.34}$$

となります．アンペールの法則は，この周回積分が面を垂直に貫く電流値の μ_0 倍に等しいということなので，

$$\left(\frac{\partial B_y}{\partial x} - \frac{\partial B_x}{\partial y}\right)hk = \mu_0 I_z \tag{6.35}$$

となります．ここで，I_z は電流 I と z 方向のなす角 ϕ に対し $I_z = I\cos\phi$ のことです（2.6 節）．これを電流の z 成分といいます．この式の両辺を hk で割ったときに出てくる I_z/hk は，貫く電流を貫く面の面積で割ったもので，5.2.1 項で述べた単位面積あたりの電流を示す**電流密度**になります．z 方向の電流密度を $i_z = I_z/hk$ とおけば，

$$\frac{\partial B_y}{\partial x} - \frac{\partial B_x}{\partial y} = \mu_0 i_z \tag{6.36}$$

となります．これが z 方向の電流による微分形のアンペールの法則です．x 方向と y 方向の方程式も，それぞれ y–z 平面，z–x 平面の長方形を用いて求めることができます．

これら 3 方向の方程式は，x 方向，y 方向，z 方向の電流密度をまとめて，電流密度ベクトル $\boldsymbol{i} = (i_x, i_y, i_z)$ を定義すれば，

$$\operatorname{rot} \boldsymbol{B} = \mu_0 \boldsymbol{i} \tag{6.37}$$

と表すことができます．これが微分形のアンペールの法則です．

しかし，3.7 節で示したように，電界が時間的に変化する場合には，式 (3.63) で示される変位電流 I_D を方程式に加える必要があります．電気力線が貫く面が小さいときにはその面内の電界の強さ E が一定とみなせるので，変位電流は式 (3.62) が使えます．

$$I_\mathrm{D} = \varepsilon_0 \frac{dE}{dt} S \tag{6.38}$$

ここで，S は電気力線が貫く面の面積です．z 方向の方程式（式 (6.35)）では $S = hk$ で $E = E_z$ ですから，

$$\left(\frac{\partial B_y}{\partial x} - \frac{\partial B_x}{\partial y}\right)hk = \mu_0 (I_z + I_{\mathrm{D}z}) = \mu_0 \left(I_z + \varepsilon_0 \frac{\partial E_z}{\partial t} hk\right) \tag{6.39}$$

となります．時間微分は電磁誘導と同様に偏微分にしています．両辺を hk で割って，

$$\frac{\partial B_y}{\partial x} - \frac{\partial B_x}{\partial y} = \mu_0 \left(i_z + \varepsilon_0 \frac{\partial E_z}{\partial t}\right) \tag{6.40}$$

となります．同様に x 方向と y 方向の方程式を求めてベクトルでまとめると，

$$\operatorname{rot} \boldsymbol{B} = \mu_0 \left(\boldsymbol{i} + \varepsilon_0 \frac{\partial \boldsymbol{E}}{\partial t}\right) \tag{6.41}$$

となります．これが，微分形の拡張されたアンペールの法則です．

6.5 電磁界のエネルギー保存則

微分形のマクスウェル方程式をまとめておきます．

$$\text{div } \boldsymbol{E} = \frac{\rho}{\varepsilon_0} \qquad \text{(電界のガウスの法則)} \tag{6.42}$$

$$\text{div } \boldsymbol{B} = 0 \qquad \text{(磁界のガウスの法則)} \tag{6.43}$$

$$\text{rot } \boldsymbol{E} = -\frac{\partial \boldsymbol{B}}{\partial t} \qquad \text{(電磁誘導の法則)} \tag{6.44}$$

$$\text{rot } \boldsymbol{B} = \mu_0 \left(\boldsymbol{i} + \varepsilon_0 \frac{\partial \boldsymbol{E}}{\partial t} \right) \qquad \text{(拡張されたアンペールの法則)} \tag{6.45}$$

これら4個の方程式において電荷密度 ρ と電流密度ベクトル $\boldsymbol{i}$ が与えられれば，電界・磁界の空間状態や時間的変化がすべて決定されます．すべての電磁気現象はこの4個の方程式から導かれるのです．

さて，1.12節では平行平板電荷間の電界を使って電界エネルギーを説明し，3.5節ではソレノイドコイル内部の磁界を使って磁界エネルギーを説明しました．また，3.6節では，電界と磁界が直交して存在するときには電磁エネルギー流れがあることも述べました．すべての電磁気学現象はマクスウェル方程式で表すことができるのですから，これらのエネルギーはマクスウェル方程式の中に含まれている必要があります．ここでこれを証明しましょう．

まず，電磁誘導の方程式 (6.44) の両辺と磁界ベクトル $\boldsymbol{B}$ の内積を計算すると，以下のようになります．

$$\boldsymbol{B} \cdot \text{rot } \boldsymbol{E} = -\boldsymbol{B} \cdot \frac{\partial \boldsymbol{B}}{\partial t} = -\frac{1}{2} \frac{\partial \boldsymbol{B}^2}{\partial t} \tag{6.46}$$

ここで，右辺は合成関数の微分の公式を使って変形しました．

次に，拡張されたアンペールの法則 (式 (6.45)) の両辺と電界ベクトル $\boldsymbol{E}$ の内積を計算して μ_0 で割れば，以下のようになります．

$$\frac{1}{\mu_0} \boldsymbol{E} \cdot \text{rot } \boldsymbol{B} = \boldsymbol{E} \cdot \boldsymbol{i} + \varepsilon_0 \boldsymbol{E} \cdot \frac{\partial \boldsymbol{E}}{\partial t} = \boldsymbol{E} \cdot \boldsymbol{i} + \frac{1}{2} \varepsilon_0 \frac{\partial \boldsymbol{E}^2}{\partial t} \tag{6.47}$$

式 (6.46) を μ_0 で割った式から式 (6.47) を引くと，以下の式が得られます．

$$\frac{1}{\mu_0} (\boldsymbol{B} \cdot \text{rot } \boldsymbol{E} - \boldsymbol{E} \cdot \text{rot } \boldsymbol{B}) = -\boldsymbol{E} \cdot \boldsymbol{i} - \frac{1}{2} \varepsilon_0 \frac{\partial \boldsymbol{E}^2}{\partial t} - \frac{1}{2\mu_0} \frac{\partial \boldsymbol{B}^2}{\partial t} \tag{6.48}$$

これを変形すると，

$$\frac{\partial}{\partial t} \left(\frac{1}{2} \varepsilon_0 \boldsymbol{E}^2 + \frac{1}{2\mu_0} \boldsymbol{B}^2 \right) + \text{div} \left(\frac{\boldsymbol{E} \times \boldsymbol{B}}{\mu_0} \right) + \boldsymbol{E} \cdot \boldsymbol{i} = 0 \tag{6.49}$$

となります．ここで，rot と div に関する公式,

$$\boldsymbol{B}\cdot\mathrm{rot}\,\boldsymbol{E} - \boldsymbol{E}\cdot\mathrm{rot}\,\boldsymbol{B} = \mathrm{div}(\boldsymbol{E}\times\boldsymbol{B}) \tag{6.50}$$

を使いました．

さて，式 (6.49) の意味を考えてみましょう．まず，左辺第 1 項は式 (1.82) の電界エネルギー密度 $u_E = \varepsilon_0 \boldsymbol{E}^2/2$ と式 (3.58) の磁界エネルギー密度 $u_B = \boldsymbol{B}^2/2\mu_0$ の合計の時間変化率になっています．すなわち，第 1 項は電磁界が保持しているエネルギーの時間変化です．

次に，第 2 項は式 (3.61) のポインティングベクトル $\boldsymbol{S} = \boldsymbol{E}\times\boldsymbol{B}/\mu_0$ のダイバージェンスになっています．ダイバージェンスは，6.2 節において面を貫く電気力線数の極限から出てきた量であることからわかるように，ある領域から流れ出ていく量を表します．ポインティングベクトルは，単位時間に単位面積あたりを通過する電磁エネルギー量なので，ポインティングベクトルのダイバージェンスは単位時間あたりにある領域から出ていく電磁エネルギー量です．

もし，電流 i が 0 ならば，式 (6.49) の第 3 項が 0 になりますが，このときは単位時間あたりの電磁界エネルギー変化と単位時間あたりに流れ出るエネルギー量の合計が 0，すなわち電磁界のエネルギーが総合的には一定に保たれることを示しています．式 (6.49) は電磁界のエネルギー保存則を表す式，**エネルギー方程式**なのです．

では，電流 i が 0 でないときの第 3 項 $\boldsymbol{E}\cdot\boldsymbol{i}$ は何を表すのでしょう．たとえば，電界と電流密度の間にオームの法則 (式 (5.55)) が成り立つときには，抵抗率を ρ として $\boldsymbol{E} = \rho\boldsymbol{i}$ なので，

$$\boldsymbol{E}\cdot\boldsymbol{i} = \rho i^2 \tag{6.51}$$

となります．これは式 (5.70) で示した単位体積あたりの消費電力です．すなわち，式 (6.49) の第 3 項は電界が物質中の電荷に与える単位時間あたりの仕事を表しています．

よって，式 (6.49) を言葉で表せば，

電磁界エネルギーの増加＋電磁エネルギーの流出＋物質への仕事＝ 0

となります．第 3 項の物質への仕事は，力学と組み合わせれば運動エネルギーへの転換であることが示されます．よって，一般的には一方通行的に消費するのではなく，物質のほうから電磁界へエネルギーを供給することも可能です．

6.6 電磁波の存在

最後に，微分形のマクスウェル方程式を使って真空中を伝わる波動，**電磁波**の存在を証明しましょう．電磁波の存在には変位電流が不可欠です．

真空とは，物質が存在しないことですから電荷も電流もありません．よって，マクスウェル方程式において，真空とは電荷密度 $\rho = 0$，電流密度 $\boldsymbol{i} = 0$ のことです．この条件の下で図 6.3 のような x 方向に正弦波的に変化する電界ベクトル $\boldsymbol{E}$ を考えます．この波の波長を λ，振動周期を T とすると，

$$\boldsymbol{E}(x,t) = \boldsymbol{E}_0 \cos\left(\frac{2\pi}{\lambda}x - \frac{2\pi}{T}t\right) \tag{6.52}$$

と書くことができます．ここで，$\boldsymbol{E}_0 = (E_{0x}, E_{0y}, E_{0z})$ は振幅を表すベクトルです．記述を容易にするために，波数 $k = 2\pi/\lambda$ と角周波数 $\omega = 2\pi/T$ を使えば，

$$\boldsymbol{E}(x,t) = \boldsymbol{E}_0 \cos(kx - \omega t) \tag{6.53}$$

と書くことができます．波数 k とは 2π の位相の中にいくつの波が入っているかを示す値です．空間変化は x 方向だけなので，方程式を計算するときに出てくる座標の偏微分は $\partial/\partial x$ のみ残って，$\partial/\partial y$ や $\partial/\partial z$ は 0 になります．

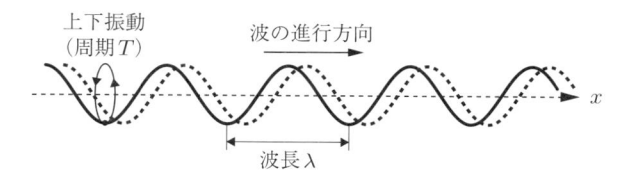

図 6.3 x 方向に進む波動

まず，式 (6.53) のダイバージェンスを計算すると，

$$\mathrm{div}\,\boldsymbol{E} = \frac{\partial}{\partial x}E_{0x}\cos(kx - \omega t) = -kE_{0x}\sin(kx - \omega t) \tag{6.54}$$

となりますが，これが $\rho = 0$ の電界のガウスの法則 ($\mathrm{div}\,\boldsymbol{E} = 0$) を満足するには

$$-kE_{0x}\sin(kx - \omega t) = 0 \tag{6.55}$$

という条件が必要です．この条件がつねに成り立つには，x 方向の振幅 E_{0x} が 0 でなければなりません．つまり，真空中を伝わる波動の電界は，波の進行方向 (x 方向) に垂直です．これは，波が**横波**であることを示しています[3]．

---

[3] 波の進行方向に対して，振動の方向が平行の波が縦波，垂直の波が横波です．たとえば，音波は縦波，水面を伝わる波は横波です．

x 方向に垂直な成分は y と z の 2 方向ありますが，簡単のため，振動電界が y 方向を向いているとします．すなわち，

$$\boldsymbol{E}(x,t) = (0,\ E_0\cos(kx-\omega t),\ 0) \tag{6.56}$$

であるとします．

電磁誘導の法則 (式 (6.44)) を計算するために式 (6.56) のローテーションを計算すれば，

$$\mathrm{rot}\,\boldsymbol{E} = (0,\ 0,\ -kE_0\sin(kx-\omega t)) \tag{6.57}$$

となり，z 成分しかありません．よって，磁束密度 $\boldsymbol{B}$ は次式のように z 成分のみ考えればいいことになります．

$$\boldsymbol{B}(x,t) = (0,\ 0,\ B_z(x,t)) \tag{6.58}$$

この式は，磁界のガウスの法則 ($\mathrm{div}\,\boldsymbol{B}=0$) を満足しています．また，$z$ 成分しかないので，波動の磁界も電界同様に波の進行方向に対して垂直です．z 方向の電磁誘導の法則から，

$$-kE_0\sin(kx-\omega t) = -\frac{\partial B_z}{\partial t} \tag{6.59}$$

となり，この式の両辺を t で積分すれば，

$$B_z(x,t) = \frac{k}{\omega}E_0\cos(kx-\omega t) \tag{6.60}$$

が得られます．これを $E_y(x,t) = E_0\cos(kx-\omega t)$ と比較すると，E_y と B_z が同位相であることがわかります．図で示すと図 6.4 のようになります．

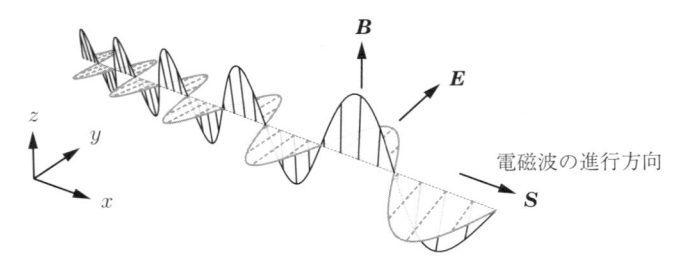

図 6.4 電磁波における電界と磁界

式 (6.56) と式 (6.60) は，残る電流密度 $\boldsymbol{i}=0$ の拡張されたアンペールの法則 (式 (6.45)) も満足しなければなりません．これは，電界が y 方向しかないので y 成分のみ考えると，

$$-\frac{\partial B_z}{\partial x} = \varepsilon_0\mu_0\frac{\partial E_y}{\partial t} \tag{6.61}$$

となります．両辺に E_y と B_z を代入すれば，

$$-\frac{\partial}{\partial x}\left(\frac{k}{\omega}\right)E_0\cos(kx-\omega t) = \varepsilon_0\mu_0\frac{\partial}{\partial t}E_0\cos(kx-\omega t) \tag{6.62}$$

となり，偏微分を計算すると，

$$\frac{k^2}{\omega}E_0\sin(kx-\omega t) = \varepsilon_0\mu_0\omega E_0\sin(kx-\omega t) \tag{6.63}$$

となります．この式がつねに成り立つには，

$$\frac{k^2}{\omega} = \varepsilon_0\mu_0\omega \tag{6.64}$$

の条件が必要です．すなわち，

$$\frac{\omega^2}{k^2} = \frac{1}{\varepsilon_0\mu_0} \tag{6.65}$$

の条件が成り立てば，式 (6.56) は真空中のマクスウェル方程式をすべて満足します．式 (6.65) の条件を満足した電界と磁界の波動は，物質の存在とは無関係に真空中を伝わります．この波動が**電磁波**です．ここで，$\omega=2\pi/T$, $k=2\pi/\lambda$ であることを使うと，

$$\frac{\omega}{k} = \left(\frac{2\pi}{T}\right)\left(\frac{\lambda}{2\pi}\right) = \frac{\lambda}{T} \tag{6.66}$$

となりますが，波動は，1周期で1波長進みますから，最後の "波長÷周期" は，1秒間に波が進む距離，すなわち波の速度になります．これを c と書けば，式 (6.65) より

$$c = \frac{1}{\sqrt{\varepsilon_0\mu_0}} \tag{6.67}$$

となり，電磁波は真空中を一定速度 c で進むことがわかります．

3.7 節でも述べましたが，マクスウェルは，当時までに測定されていた真空の誘電率と透磁率を使って電磁波の速度を計算したところ，これも当時測定されていた光の速度に近いことに気づきました．そこで光は電磁波であると結論づけたのです．その後，アインシュタインの相対性理論が出てきて光の速度は現代物理学の基本定数の一つになりました．現在は光の速度は以下の数値に定義されています．

$$c = 299\,792\,458 \text{ m/s}$$

逆に 1 m という長さは 1 秒間に光が進む距離の 1/299 792 458 と決められています[4]．

最後に，電磁波がもつエネルギーを考えてみましょう．$\omega/k = c$ を式 (6.60) に代入すると，

---

[4] ちなみに，1秒という時間が1年という地球が太陽の周りを公転する時間を基準に決められていたのは過去の話で，現在はセシウム原子から放射される光の周波数を基準にしています．

$$B_z(x,t) = \frac{E_0}{c}\cos(kx-\omega t) \tag{6.68}$$

となります．そこで，磁界エネルギー密度を計算すると，

$$u_B = \frac{1}{2\mu_0}B_z^2 = \frac{1}{2\mu_0}\frac{E_0^2}{c^2}\cos^2(kx-\omega t) = \frac{1}{2}\varepsilon_0 E_0^2 \cos^2(kx-\omega t) \tag{6.69}$$

となります．ここで，$1/\mu_0 c^2 = \varepsilon_0$ という関係を使いました．最後の式は電界のエネルギー密度，

$$u_E = \frac{1}{2}\varepsilon_0 E_y^2 = \frac{1}{2}\varepsilon_0 E_0^2 \cos^2(kx-\omega t) \tag{6.70}$$

と等しいことがわかります．すなわち，電磁波を構成している電界と磁界はエネルギー密度が等しいのです．このため電磁波中の全エネルギー密度 u_W は，両者を合計して，

$$u_W = u_E + u_B = \varepsilon_0 E_0^2 \cos^2(kx-\omega t) \tag{6.71}$$

となります．これに対し，式 (3.61) で定義されたポインティングベクトル $\boldsymbol{S}$ は，向きが x 方向，すなわち電磁波の進行方向で，大きさ (電力密度)S は

$$S = \frac{E_y B_z}{\mu_0} = \frac{E_0^2}{c\mu_0}\cos^2(kx-\omega t) = c\varepsilon_0 E_0^2 \cos^2(kx-\omega t) \tag{6.72}$$

となります．すなわち，

$$S = cu_W \tag{6.73}$$

の関係があります．電磁波は，それがもつエネルギーを光の速度で運んでいるのです．

電磁波の存在で重要なことは，物質がまったくない真空を伝わっていくことです．これまで，電荷が電界を作るとか，電流が磁界を作るという話をしましたが，マクスウェル方程式によれば物質とは独立に電磁界が存在します．しかも，その変動は特定の速度 c で移動します．

物質に関係なく光速 c で進む電磁波の存在こそが，マクスウェル方程式の最大の結論であり，これにはマクスウェルが導入した変位電流の存在が不可欠です．変位電流を導入したことにより電磁気学という体系が完成したのですが，その完結性は見事なものです．マクスウェル方程式からは，電磁界のエネルギーだけではなく運動量も導くことができます．その後の物理学はマクスウェル方程式を出発点として発展したといってもよいでしょう．

本書では電磁界のエネルギーを強調しながら電磁気学を説明してきました．エネルギーを軸として電磁気学をとらえると，一本の糸でつながっていることがわかります．これは，電磁気学がマクスウェル方程式のみで記述され，マクスウェル方程式が空間のエネルギーも含めたすべての場の状態を決定するからです．

電磁気学とは何を学ぶ学問か？この広大な宇宙空間が電磁界のエネルギーで満ちていて，その流れを利用してわれわれが生活していることを理解していただけたら，本書の目的の一つは達成されたようなものです．電気回路を製作したり，電圧や電流を測ったりしながら，たまにはわれわれが相手にしている空間の存在を感じてみてください．

▶▶▷ 演習問題 ◁◀◀

6.1 静電界における電位の式 $\boldsymbol{E} = -\text{grad}\, V$ と，電荷が存在しない点でのガウスの法則 $\text{div}\, \boldsymbol{E} = 0$ から得られる関係，$\text{div}\, \text{grad}\, V = 0$ をラプラス方程式という．電荷量 Q の点電荷の電位 $V(r) = Q/4\pi\varepsilon_0 r$ が，$r = 0$ 以外でラプラス方程式を満足することを示せ．

6.2 $\boldsymbol{E} = -\text{grad}\, V$ で表される電界が，$\text{rot}\, \boldsymbol{E} = 0$ をつねに満足する静電界であることを示せ．

6.3 $\boldsymbol{B} = \text{rot}\, \boldsymbol{A}$ で表されるベクトル $\boldsymbol{A}$ をベクトルポテンシャルという．ベクトルポテンシャルについて以下の問いに答えよ．
 (1) $\text{div}\, \boldsymbol{B} = 0$ をつねに満足することを示せ．
 (2) ベクトルポテンシャル $\boldsymbol{A}$ が y 方向成分のみをもち，その成分が $A_y(x,t) = A_0 \sin(kx - \omega t)$ と表されるときの電界ベクトル $\boldsymbol{E}$ と磁界ベクトル $\boldsymbol{B}$ を計算せよ．
 (3) (2)のベクトルポテンシャルが電流密度 $i_y(x,t) = i_0 \sin(kx - \omega t)$ の y 方向電流で作られているとして，振幅 A_0 と i_0 の関係を示せ．

6.4 x 方向に進行する y 方向の電界 $E_0 \cos(kx - \omega t)$ をもつ電磁波と，同じ振幅で位相が $90°$ ずれた z 方向の電界 $E_0 \sin(kx - \omega t)$ をもつ電磁波の重ね合わせを円偏波という．真空中の円偏波に対して以下の問いに答えよ．
 (1) 円偏波の磁界ベクトル $\boldsymbol{B}$ を計算せよ．
 (2) 円偏波の電力密度が時間的および空間的に一定であることを示せ．

6.5 ベクトル $\boldsymbol{A}$ に対して $\text{div}\, \text{rot}\, \boldsymbol{A} = 0$ がつねに成り立つことを利用して，電流密度 $\boldsymbol{i}$ と電荷密度 ρ が
$$\text{div}\, \boldsymbol{i} + \frac{\partial \rho}{\partial t} = 0$$
を満足することを示せ．この方程式は電荷の保存則を表している．

Wide Scope 6　光の圧力

　光の本質は，真空中を伝わっていく電界磁界の波動，電磁波であり，それはエネルギーを伴っていることを示しました．光がエネルギーをもち，それが真空中を一定の速度で移動しているということは単にエネルギーが蓄積されているのではなく，ある特定の方向に影響力をもっていることを意味します．飛んできた物体が当たると痛いのは，物体が当たって反射するときに力を受けるからです．空気が物体に加える単位面積あたりの力，圧力も空気分子が物体に当たって反射するときに壁に力を加えることにより起こります．分子は微小なので1個当たっても大した力ではありませんが，空気分子の数が膨大なので壁には大きな圧力が加わります．

　光はエネルギーをもち，それを光の速度で運んでいるのですから，光が鏡に当たって反射すれば物体が壁に当たって反射するときのように鏡に力を加えるはずです．この光が反射するときの力の大きさを計算してみましょう．もっとも単純な例として，表面が平面の非常に大きな導体に一様な電磁波を垂直に当てたとき，導体の表面に加わる力を計算してみます．

　いま，図 6.5 のように $x=0$ の平面を境界として，$x<0$ では真空で $x>0$ では導体が存在するとします．真空側から x 方向に電磁波を入射すれば導体の表面 $x=0$ で反射され，それ以上は進めません．なぜなら導体内部では電界が0でなければならないからです[5]．このため，逆向きの電磁波が発生して x の負の方向へ戻っていきます．これが反射です．

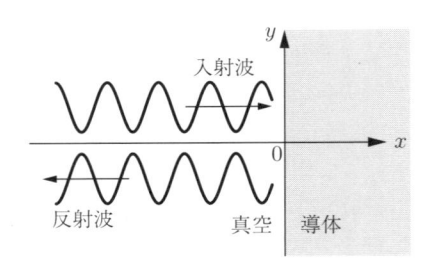

図 6.5　光の反射

　そこで，x 方向へ進む電磁波 (入射波) を
$$E_y^{\mathrm{R}}(x,t) = E_{\mathrm{R}} \cos k(x-ct) \tag{6.74}$$
とし，x の負の方向へ進む波 (反射波) を
$$E_y^{\mathrm{L}}(x,t) = E_{\mathrm{L}} \cos k(x+ct) \tag{6.75}$$
とします．ここで，電界の方向は y 方向とし，入射波は $\omega=ck$，反射波は $\omega=-ck$ という関係を使っています．反射波の符号が違うのは波の進行方向が逆なため，速度が負になるからです．

　これらの電磁波の磁界は z 方向で，式 (6.68) を使うと，入射波と反射波が

---

[5] ここで，電磁波の周波数は導体の電子プラズマ振動数より十分小さいとします (Wide Scope 4 参照)．

$$B_z^{\rm R}(x,t) = \frac{E_{\rm R}}{c}\cos k(x-ct), \quad B_z^{\rm L}(x,t) = -\frac{E_{\rm L}}{c}\cos k(x+ct) \tag{6.76}$$

と表されます．この場合も反射波 $B_z^{\rm L}(x,t)$ では c を $-c$ に置き換えました．

さて，導体中は電界が 0 にならなければならないので，導体表面の $x=0$ でも電界は 0 です．このため入射波と反射波の重ね合わせ電界は表面で 0 にならねばなりません．

$$E_y^{\rm R}(0,t) + E_y^{\rm L}(0,t) = E_{\rm R}\cos kct + E_{\rm L}\cos kct = 0 \tag{6.77}$$

この式が時間 t と無関係につねに満足されるには $E_{\rm R} + E_{\rm L} = 0$ という条件が必要です．すなわち入射波と反射波の電界の振幅は等しく，位相は反転します．入射波と反射波の振幅が等しいため，入射エネルギーはそのまま反射波のエネルギーとなって反射し，エネルギーの損失はありません．

さて，導体表面での電界は 0 ですが磁界は 0 ではありません．表面の重ね合わせ磁束密度を $B(t)$ とすると，

$$B(t) = B_y^{\rm R}(0,t) + B_y^{\rm L}(0,t) = \frac{E_{\rm R}}{c}\cos kct - \frac{E_{\rm L}}{c}\cos kct = \frac{2E_{\rm R}}{c}\cos kct \tag{6.78}$$

となります．しかし，電磁波は導体内部に侵入していませんから内部では磁界も 0 のはずです．表面に磁界が存在するのに，内部には磁界が存在しないという条件を満足するには，導体表面に電流が流れていなければなりません．表面を流れるのですから面電流です．この場合，面上に一様に磁界が発生するので面電流も一様で，面電流の公式が使えます．

磁界方向 (z 方向) に l [m] の磁束を切り出せば，導体内部では磁束密度が 0 なのでアンペールの法則より $B(t)l = \mu_0 I(t)$ となり，これより得られる

$$I(t) = \frac{B(t)l}{\mu_0} \tag{6.79}$$

が表面を流れる電流です．この電流は y 方向を向いています．

さて，この導体表面電流 $I(t)$ は磁界 $B(t)$ にさらされているので，力

$$f(t) = \frac{1}{2}I(t)B(t) = \frac{B(t)^2}{2\mu_0}l \tag{6.80}$$

が電流 1 m あたりに加わります．ここで，磁界が導体内部で 0，外部で $B(t)$ なので，電流 $I(t)$ には平均的に $B(t)/2$ がかかっていると考えなければなりません．

力は電流方向に 1 m，それに垂直な磁界方向に l [m] の範囲に加わるので 1 m² あたりの力，圧力は

$$P(t) = \frac{B(t)^2}{2\mu_0} = \frac{2E_{\rm R}^2}{c^2\mu_0}\cos^2 kct = 2\varepsilon_0 E_{\rm R}^2 \cos^2 kct \tag{6.81}$$

となります．この力はつねに 0 以上で x 方向を向いています．x 方向は導体の存在する方向ですから，つねに導体を押していることになります．これが電磁波の圧力です．最後の式は電磁波のエネルギー密度 (式 (6.71)) の 2 倍です．2 倍になるのは入射波と反射波の重ね合わせであることを考えれば，一方向に進む電磁波の圧力はそのエネルギー密度に等しいといえます．

実際にどのくらいの力か計算してみましょう．太陽光は 1 m² あたり毎秒 1.3 kW 程度のエネルギーで地球を照らしています．これは電力密度が 1.3 kW/m² であることを意味します．よって，電磁波の圧力は式 (6.73) より，

$$P = 2u_W = \frac{2S}{c} \fallingdotseq \frac{2 \times 1.3 \times 10^3}{3 \times 10^8} = 8.6 \times 10^{-6} \text{ Pa} \tag{6.82}$$

程度です．1 気圧は 1013 hPa ですから，これでは多少日ざしがきつくても押されているとは感じないでしょうね．しかし，この力を利用して，宇宙空間で大きな導体シートを広げて進む宇宙帆船 (ソーラーセイル) も造られています．また，彗星の尾の一部は太陽の光の圧力で飛ばされていると考えられています．太陽光の圧力も馬鹿にしたものではないのですよ．

付　録

A　微積分の物理的意味

　電磁気学の方程式を正確に表すには微分や積分が必要です．ここでは，微積分の基本的概念とその物理的考え方をまとめておきます．また，マクスウェル方程式の定式化に必要な面積分や偏微分などについても説明します．

A.1 ▶ 微分

　微分とは変化率，すなわち変化する割合のことです．たとえば速度は1秒間に物体が進んだ距離なので，距離の時間変化率です．

　図 A.1(a) のようにある物体が x 方向に移動していて，時刻 t_1 [s] で座標点 x_1 [m] を通過し，時刻 t_2 [s] で座標点 x_2 [m] を通過したとします．このとき，x 座標の変化は $x_2 - x_1$ で，経過した時間は $t_2 - t_1$ ですから，速度，すなわち1秒間あたりの座標の変化量は，

$$v = \frac{x_2 - x_1}{t_2 - t_1} \tag{A.1}$$

です．これが時間変化率です．時刻 t に対する座標 $x(t)$ の関数を図 (b) のようなグラフに描けば，式 (A.1) で与えられる変化率（速度）とは点 $P(t_1, x_1)$ と点 $Q(t_2, x_2)$ を結ぶ直線の傾きであることがわかります．

　速度が時間的に変化する場合には，瞬間の速度を計算する必要があります．"瞬間の"というのは，速度を測定する時間間隔をできるだけ短くするということですから，

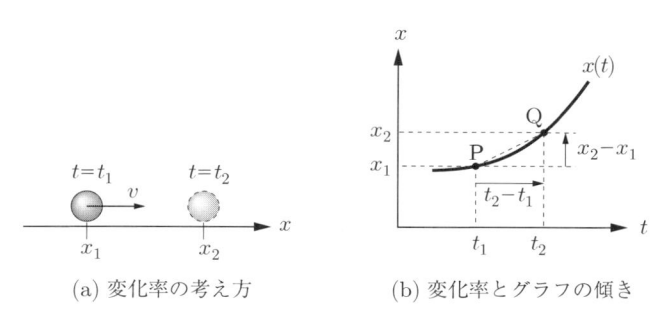

(a) 変化率の考え方　　　(b) 変化率とグラフの傾き

図 **A.1**　微分の概念

式 (A.1) において $t_2 \to t_1$ という極限操作をします．この結果，時刻 t_1 [s] の瞬間速度 $v(t_1)$ は，

$$v(t_1) = \lim_{t_2 \to t_1} \frac{x_2 - x_1}{t_2 - t_1} = \lim_{t_2 \to t_1} \frac{x(t_2) - x(t_1)}{t_2 - t_1} \tag{A.2}$$

となります．この右辺を

$$\frac{dx}{dt} = \lim_{t_2 \to t_1} \frac{x(t_2) - x(t_1)}{t_2 - t_1} \tag{A.3}$$

と書きます．これが微分です．

変化が緩やかで時間の間隔 $t_2 - t_1$ が短い場合には，次式のように微分を式 (A.1) で近似できることも覚えておきましょう．

$$\frac{dx}{dt} \fallingdotseq \frac{x_2 - x_1}{t_2 - t_1} \tag{A.4}$$

A.2 ▶ 積分

積分は微分の逆で，微小な区間の変化量を積み重ねて区間全体の変化量を計算する手法です．

たとえば，時刻 t [s] の瞬間速度 $v(t)$ [m/s] がわかっているとします．ある時刻 $t=a$ [s] に x_a 地点を出発して，$t=b$ [s] に x_b 地点に到着したとします．この間に進んだ距離 $d = x_b - x_a$ [m] は速度 v が一定ならば，

$$d = v \cdot (b - a) \tag{A.5}$$

です．速度が一定でないときには，時刻 a と時刻 b の間を細かく刻んでそれぞれの短い時間間隔での移動距離を式 (A.5) を使って近似し，それらを合計します．たとえば，図 A.2 のように出発時刻を $a = t_1$ として，$t_2, t_3, t_4, \cdots, t_n (= b)$ と刻みます．$v_1 = v(t_1), v_2 = v(t_2), \cdots$ のように速度に名前を付ければ，時刻 a から時刻 b までの移動距離 d は次式で近似することができます．

$$d \fallingdotseq v_1 \cdot (t_2 - t_1) + v_2 \cdot (t_3 - t_2) + v_3 \cdot (t_4 - t_3) + \cdots + v_{n-1} \cdot (t_n - t_{n-1}) \tag{A.6}$$

この式は，刻みの数 n を大きくし，刻んだ 1 区画の時間幅を小さくすればするほど近似が良くなります．そこで，時間幅を無限に短くする極限操作をしたのが積分です．これを

$$d = \int_a^b v(t) \, dt \tag{A.7}$$

と書きます．

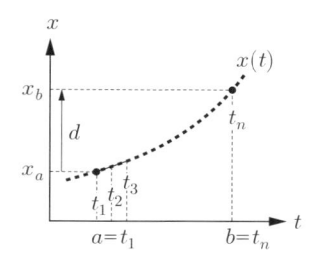

図 A.2 変化率から移動距離を計算する

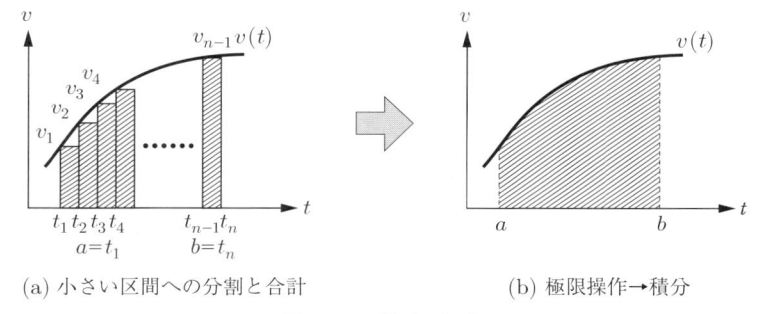

(a) 小さい区間への分割と合計

(b) 極限操作→積分

図 A.3 積分の概念

図 A.3 のように時刻 t に対する速度の関数 $v(t)$ をグラフにすれば，式 (A.6) のそれぞれの項，$v_i \cdot (t_{i+1} - t_i)$ は図 A.3(a) の細い長方形の面積になります．よって，これらの合計で計算される移動距離 d は，細い長方形の面積の合計になります．区間の幅を小さくすることは，一つひとつの長方形の幅を狭くしていくことですから，極限的には図 (b) の斜線部分のような，関数 $v(t)$ と t 軸の間の a から b までの面積になります．つまり，積分は積分区間の間の関数の面積です．

積分には向きがあることに注意してください．ここまでは，$a < b$ として図形を描いて説明してきましたが，$a > b$ のときは，細かく刻んだ座標が $t_1, t_2, t_3, \cdots$ と進むにつれて小さくなっていくので，時間幅 $(t_{i+1} - t_i)$ が負になります．このため，a から b まで積分した値は，出発点と到達点を入れ替えて b から a まで積分した値のマイナスになります．

$$\int_a^b v(t)\,dt = -\int_b^a v(t)\,dt \tag{A.8}$$

出発点と到達点を入れ替えたときに値が負になることは，問題に応じて積分の向きを正しく決めないと誤った計算値を得ることを示しています．

A.3 ▶ 密度と微積分

電磁気学でよく出てくる**密度**という値は，一種の微分だと考えられます．密度というのは単位体積あたりとか，単位面積あたりの量だからです．材質や状態が空間的に変化しない，一様の場合には総量をその物体の面積や体積で割ることで密度を計算します．たとえば，電荷量 Q [C]，体積 V [m^3] の電荷の電荷密度 ρ [C/m^3] は，$\rho = Q/V$ です．しかし，この式は密度が物体の場所によって変化する場合には使えません．

そこで物体内のある点の密度を考えるときは，その点の周りから小さい体積 V_1 を切り取って，その中にある電荷量 Q_1 を V_1 で割って計算します．最終的に V_1 を非常に小さくすれば物体各点での密度が定義できます．密度とは体積に関する変化率なのです．同様に，単位長さあたりの**線密度**や単位面積あたりの**面密度**も定義できます．

逆に，密度から総量を計算するのには積分を使います．線密度から曲線に入っている総量を計算するのが**線積分**，面密度から曲面に入っている総量を計算するのが**面積分**，体積密度から空間領域に入っている総量を計算するのが**体積積分**です．

たとえば，ガウスの法則 (1.8 節) に出てきた面積分とは，図 A.4 のように曲面を細分化し，それぞれの微小区画で**面密度×微小区画の面積**を計算した値を曲面全体で合計したものです．微小区画に分割すれば，密度がほぼ一定になるということに加えて，分割した面を平面で近似できることも利用できます．

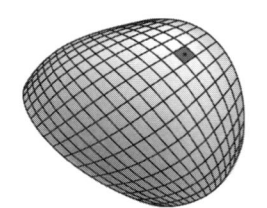

図 **A.4** 曲面の細分化

線積分は 1.10 節で説明したので，ここでは体積積分の概念について簡単に説明しておきます．これは，ある領域全体を小さな体積の区画に分割して，各区画で計算した**体積密度×微小区画の体積**の値を領域全体で合計したものです．たとえば，電荷密度 ρ から領域全体の電荷量 Q を計算するときは，

$$Q = \int_V \rho dV \tag{A.9}$$

のように表します．この右辺が体積積分です．ここで，積分記号の下についている V は積分範囲を示します．面積分や体積分は 1 次元の積分と違って，"どこからどこへ" という記述ができないので，このように領域を指定します．

A.4 ▶ 偏微分

付録 A.1 で述べた微分は時刻 t のような 1 個の変数だけをもつ関数の微分でした. しかし, 電界や磁界は空間の各点で定義される量なので一般的には空間座標, (x,y,z) の関数です. 電界や磁界が時間的に変化する場合には, さらに時間 t を含めた 4 変数の関数を考えなければなりません.

このような 2 個以上の変数をもつ関数の微分を計算するには, どの変数に対しての変化率なのかを考えなければなりません. この指定した変数に関する微分が**偏微分**です. たとえば, 3 変数関数 $f(x,y,z)$ を考えましょう. x 方向に移動したときの関数 f の変化率とは, 座標 (x,y,z) での値 $f(x,y,z)$ と x 方向に h ずれた座標 $(x+h,y,z)$ での値 $f(x+h,y,z)$ の差を, ずれの距離 h で割った値です. その $h \to 0$ の極限が関数 f の x 方向の偏微分になります.

$$\frac{\partial f}{\partial x} = \lim_{h \to 0} \frac{f(x+h,y,z) - f(x,y,z)}{h} \tag{A.10}$$

1 変数関数の微分の d が ∂ で置き換わっています. ここで他の変数 y や z は変化していないのですから, y や z を定数と考えて x で関数を微分すれば偏微分値が得られます. 同様に, y 方向の偏微分や z 方向の偏微分も定義できます. これらの偏微分は空間座標の数だけ存在するので, 一つのベクトルにして

$$\mathrm{grad}\, f = \left(\frac{\partial f}{\partial x}, \frac{\partial f}{\partial y}, \frac{\partial f}{\partial z} \right) \tag{A.11}$$

を定義します. これを勾配ベクトル (gradient vector) といいます.

勾配ベクトルは記号 ∇ を使って

$$\nabla f = \mathrm{grad}\, f \tag{A.12}$$

と書くこともあります. 記号 ∇ は微分記号だけをまとめてベクトルにしたもので

$$\nabla = \left(\frac{\partial}{\partial x}, \frac{\partial}{\partial y}, \frac{\partial}{\partial z} \right) \tag{A.13}$$

です. この記号は**ナブラ** (nabla) と読みます.

式 (A.10) を使えば, x 方向に移動したときの関数値の変化が偏微分を使って近似できることを示しています.

$$f(x+h,y,z) - f(x,y,z) \fallingdotseq \frac{\partial f}{\partial x} h \tag{A.14}$$

同様に,

$$f(x,y+k,z) - f(x,y,z) \fallingdotseq \frac{\partial f}{\partial y} k \tag{A.15}$$

$$f(x,y,z+l) - f(x,y,z) \fallingdotseq \frac{\partial f}{\partial z}l \tag{A.16}$$

となります．これらの式を続けて使えば，座標 (x,y,z) から座標 $(x+h,y+k,z+l)$ へ移動したときの関数値の変化が

$$f(x+h,y+k,z+l) - f(x,y,z) \fallingdotseq \frac{\partial f}{\partial x}h + \frac{\partial f}{\partial y}k + \frac{\partial f}{\partial z}l \tag{A.17}$$

と近似できることもわかります．この式の右辺は勾配ベクトル $\mathrm{grad}\,f$ と，移動ベクトル (h,k,l) との内積の形をしているので，勾配ベクトルの方向に移動したときに，もっとも変化が大きいことがわかります[1]．

また，勾配ベクトルに対して垂直に移動すれば右辺が 0 になるので，垂直に移動したときには関数値が変化しないことがわかります．

B ベクトルの内積と外積

電界や磁界は 3 次元ベクトルなので，電磁気学ではいろいろなベクトル計算が出てきます．ここでは重要なベクトル演算である内積と外積についてまとめておきます．

B.1 ▶ ベクトルの内積

2 本の 3 次元ベクトル $\boldsymbol{A} = (A_x, A_y, A_z)$ と $\boldsymbol{B} = (B_x, B_y, B_z)$ に対し，次式で表される値を**内積**といいます．

$$\boldsymbol{A} \cdot \boldsymbol{B} = A_x B_x + A_y B_y + A_z B_z \tag{B.1}$$

内積の計算結果はスカラーになります[2]．

図形的な量で表すと，図 B.1 のように 2 本のベクトル $\boldsymbol{A}$ と $\boldsymbol{B}$ の間の角度を θ として，

$$\boldsymbol{A} \cdot \boldsymbol{B} = |\boldsymbol{A}||\boldsymbol{B}|\cos\theta \tag{B.2}$$

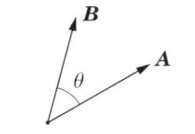

図 B.1 ベクトルの内積

---

1) 内積は付録 B で説明しています．
2) スカラーとは，座標の選び方に依存しない数値のことです．

となります．ここで $|\boldsymbol{A}|$ はベクトル $\boldsymbol{A}$ の長さです．この式より内積は 2 本のベクトルが垂直 ($\theta = 90°$) のときに 0 になることがわかります．

式 (B.1) で $\boldsymbol{B} = \boldsymbol{A}$ とおけばベクトル $\boldsymbol{A}$ の長さを内積で表すことができます．

$$|\boldsymbol{A}| = \sqrt{A_x^2 + A_y^2 + A_z^2} = \sqrt{\boldsymbol{A} \cdot \boldsymbol{A}} \tag{B.3}$$

物理現象を調べるときには，あるベクトル $\boldsymbol{B}$ で示す方向を考えて，別のベクトル $\boldsymbol{A}$ の $\boldsymbol{B}$ 方向成分 A_B を計算したいことがあります．この $\boldsymbol{B}$ 方向成分は，式で表せば，

$$A_B = |\boldsymbol{A}| \cos\theta \tag{B.4}$$

となりますが，式 (B.2) と比べると，

$$A_B = \frac{\boldsymbol{A} \cdot \boldsymbol{B}}{|\boldsymbol{B}|} \tag{B.5}$$

であることがわかります．そこで，$\boldsymbol{B}$ の方向をもち，長さが 1 の単位ベクトル $\boldsymbol{n}_B = \boldsymbol{B}/|\boldsymbol{B}|$ を定義すると，

$$A_B = \boldsymbol{A} \cdot \boldsymbol{n}_B \tag{B.6}$$

と表すことができます．

B.2 ▶ ベクトルの外積

2 本のベクトル $\boldsymbol{A}$ と $\boldsymbol{B}$ に対し，次式で表されるベクトルを**外積**といいます．

$$\boldsymbol{A} \times \boldsymbol{B} = (A_y B_z - A_z B_y, A_z B_x - A_x B_z, A_x B_y - A_y B_x) \tag{B.7}$$

外積の性質をいくつか示します．まず，$\boldsymbol{A} \times \boldsymbol{B}$ と $\boldsymbol{A}$ または $\boldsymbol{B}$ の内積を計算すると 0 になります．

$$\boldsymbol{A} \cdot (\boldsymbol{A} \times \boldsymbol{B}) = \boldsymbol{B} \cdot (\boldsymbol{A} \times \boldsymbol{B}) = 0 \tag{B.8}$$

この結果，$\boldsymbol{A} \times \boldsymbol{B}$ はベクトル $\boldsymbol{A}$ と $\boldsymbol{B}$ の両方に対して垂直なベクトルであることがわかります．さらに，図 B.2 のように $\boldsymbol{A}$ から $\boldsymbol{B}$ のほう (θ の向き) へ回転したときに右ねじが進む方向，右ねじの方向になります．指で示すと，図 B.2 のように右手の親指が $\boldsymbol{A}$，人差し指が $\boldsymbol{B}$ を指したときに，中指が向く方向です．

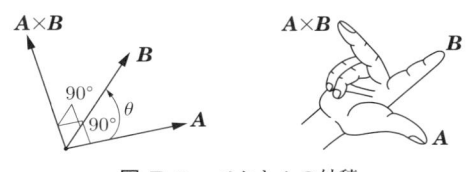

図 B.2 ベクトルの外積

外積ベクトルの長さは

$$|\boldsymbol{A} \times \boldsymbol{B}| = |\boldsymbol{A}||\boldsymbol{B}||\sin\theta| \tag{B.9}$$

です．この式は，外積ベクトルの長さが $\boldsymbol{A}$ と $\boldsymbol{B}$ が作る平行四辺形の面積に等しいことを示しています．また，2本のベクトルが平行 ($\theta = 0$ または $180°$) ならば，外積は0になります．

外積が普通の掛け算と異なるのは，掛け算の順序を交換すると符号が変わることです．すなわち，

$$\boldsymbol{A} \times \boldsymbol{B} = -\boldsymbol{B} \times \boldsymbol{A} \tag{B.10}$$

です．このため，外積を使った式を書くときには順序に気をつけなければなりません．

C ループ電流による磁気双極子と単極磁荷による磁気双極子

この世に単極磁荷は存在しません．にもかかわらず，あたかも存在するように考えて計算しても矛盾が出ないのは，図 C.1(a) のようなリング電流が作る磁界と図 (b) のような N 極と S 極の単極磁荷が作る磁界が，遠くからは見分けがつかないからです．

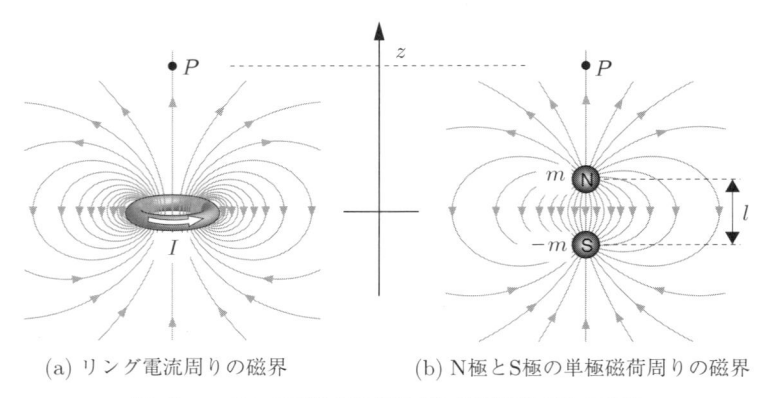

(a) リング電流周りの磁界　　(b) N極とS極の単極磁荷周りの磁界

図 **C.1**　リング電流が作る磁界と単極磁荷が作る磁界

2.5節で述べたように，リング電流がその中心軸上で z [m] 離れた点 P に作る磁束密度 $B(z)$ [T] は，z が十分大きいとき，

$$B(z) = \frac{\mu_0 R^2 I}{2z^3} \tag{C.1}$$

と近似されます (式 (2.30))．これと比較するために，図 (b) のように m [Wb] と $-m$ [Wb] の点磁極が z 方向に l [m] 離れておかれた磁気双極子を考えて，それが z 軸上の点 P に作る磁束密度を計算してみましょう．

まず，式 (2.4) より，点磁極 m が真空中で距離 r [m] 離れた点に作る磁界の強さ H [A/m] は，

$$H = \frac{m}{4\pi\mu_0 r^2} \tag{C.2}$$

です．よって，その点の磁束密度 B [T] は

$$B = \mu_0 H = \frac{m}{4\pi r^2} \tag{C.3}$$

となります．m と $-m$ の点磁極は中間点から z 方向に $l/2$ と $-l/2$ 離れた点におかれているので，中間点から z [m] 離れた点 P における磁束密度は

$$B(z) = \frac{m}{4\pi(z-l/2)^2} - \frac{m}{4\pi(z+l/2)^2} \tag{C.4}$$

となります．さて，$f(z) = 1/z^2$ として，z に比べて l が十分小さいときには，式 (A.4) の近似を使って，

$$f\left(z+\frac{l}{2}\right) - f\left(z-\frac{l}{2}\right) \fallingdotseq \frac{df}{dz}\left[\left(z+\frac{l}{2}\right) - \left(z-\frac{l}{2}\right)\right] = -\frac{2}{z^3}l \tag{C.5}$$

です．この近似式を式 (C.4) に適用すれば，点 P が磁気双極子から離れているときの磁束密度は次式のように求まります．

$$B(z) = \frac{m}{4\pi}f\left(z-\frac{l}{2}\right) - \frac{m}{4\pi}f\left(z+\frac{l}{2}\right) = \frac{ml}{2\pi z^3} \text{ [T]} \tag{C.6}$$

ここで，$p_m = ml$ は N 極と S 極が作る磁気双極子モーメントですから，式 (C.6) を式 (C.1) と比較すると，

$$p_m = ml = \mu_0 \pi R^2 I \tag{C.7}$$

とおけば両者は一致します．遠くからみれば，リング電流と磁気双極子は見分けがつかないことになります[3]．ここで，リングの囲む面積は $S = \pi R^2$ なので，磁気双極子モーメントは $p_m = \mu_0 IS$ と書くことができます．遠くからみれば，リング電流の形状は重要ではなく，電流 I が面積 S を囲んでいるループ電流に対し，磁気双極子モーメントは $p_m = \mu_0 IS$ で与えられます．

さて，図 C.2 のように磁界方向に対して角度 θ 傾いた磁気双極子を考えます．単極磁荷に加わる力は大きさが $f = mB/\mu_0$ [N] で磁界に平行，かつ一定ですから，この力に磁界方向の移動距離を掛ければ仕事になります．2 個の磁荷の中央を回転軸とし，$\theta = 90°$ の位置を基準にすれば，N 極磁荷も S 極磁荷も移動距離が $(l/2)\cos\theta$ [m] ですから，角度 θ のときの位置エネルギーは，

---

[3] ここでは中心軸上の値のみ比較しましたが，それ以外の方向でも遠方で等しくなることが証明できます．

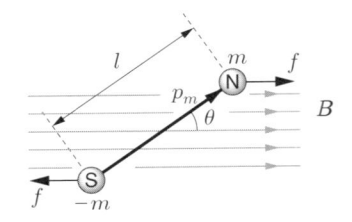

図 **C.2** 磁荷で作られた磁気双極子

$$w_m = -\frac{mB}{\mu_0}\left(\frac{l}{2}\right)\cos\theta \times 2 = -\frac{mlB}{\mu_0}\cos\theta = -\frac{p_m B}{\mu_0}\cos\theta \tag{C.8}$$

となります．

このエネルギーに関する式は，リング電流にかかる力で計算しても等しくなることが証明できます．ここでは，ループ電流の形を計算の簡単な 1 辺 a [m] の正方形電流で説明します（図 C.3(a)）．正方形は図の破線を軸として回転することができ，回転軸は磁界に垂直におかれています．正方形電流を I [A] とすると，磁気双極子モーメントは $p_m = \mu_0 IS = \mu_0 I a^2$ になります．

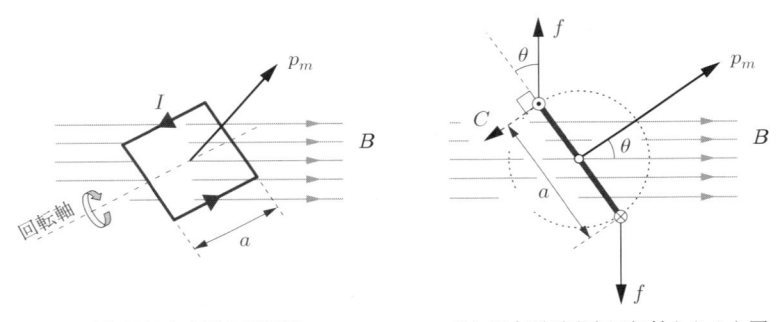

(a) 回転する正方形電流　　　(b) 正方形電流を回転軸からみた図

図 **C.3**　回転する正方形電流に加わる力

この正方形電流を回転軸からみたのが図 (b) です．磁気双極子 p_m と磁界との角度を θ とします．電流が磁界から受ける力は正方形の 4 辺すべてに加わりますが，回転軸が通っている 2 辺（図 (b) の斜めの電流）には回転軸の方向に力がかかるため，コイルが回転しても仕事をしません．残りの 2 辺にかかる力は図の f [N] になりますが，これらの辺に流れる電流はつねに磁界に垂直なので，$f = BIa$ となります．この力は電流にも磁界にも垂直ですから，図の f の方向にかかりますが，コイルが角度 θ から $\theta + d\theta$ まで微小に回転したときにする仕事 dW [J] は

$$dW = f\cos(90° + \theta) \times \left(\frac{a}{2}d\theta\right) \times 2 \tag{C.9}$$

となります. なぜなら, コイルが角度 θ から $\theta + d\theta$ まで回転したときに, コイルの移動距離は $ad\theta/2$ [m] であり, 回転方向 (図の C の方向) と力のなす角は $90° + \theta$ だからです. なお, 最後の 2 倍は電流が上下 2 本あるからです. この結果,

$$dW = -Ia^2 B \sin\theta d\theta = -\frac{p_m B}{\mu_0} \sin\theta d\theta \tag{C.10}$$

となります. $\theta = 90°$ のとき, すなわち, 磁気双極子が磁界と垂直の状態をエネルギーの基準にとれば, 角度 θ のときの磁気双極子の位置エネルギー w_m [J] は,

$$w_m = -\int_{\frac{\pi}{2}}^{\theta} dW = -\int_{\frac{\pi}{2}}^{\theta} (-Ia^2 B \sin\theta) d\theta = -\frac{p_m B}{\mu_0} \cos\theta \tag{C.11}$$

となります. この式は式 (C.8) と一致します. このように, N 極・S 極の単極磁荷が作る磁気双極子とリング電流が作る磁気双極子とは, エネルギー的にみても区別がつきません.

演習問題の解答

第 1 章

1.1 $\boldsymbol{r}-\boldsymbol{r}_0 = (4-(-2), 6-4) = (6, 2)$ なので $|\boldsymbol{r}-\boldsymbol{r}_0|^3 = (6^2+2^2)^{3/2} = 80\sqrt{10}$ となる．したがって，

$$\boldsymbol{E} = \frac{Q(\boldsymbol{r}-\boldsymbol{r}_0)}{4\pi\varepsilon_0|\boldsymbol{r}-\boldsymbol{r}_0|^3} = 9\times 10^9 \times \frac{6\times 10^{-6}}{80\sqrt{10}}(6,2) = (405\sqrt{10}, 135\sqrt{10})\ \mathrm{V/m}$$

1.2 直線状電荷を細かく分割し，その一つの区画の長さを dx [m] とする．一つの区画にある電荷量は $\rho \cdot dx$ [C] である．原点から x [m] にある区画の電荷が r [m] の地点に作る電界 dE は，

$$dE = \frac{1}{4\pi\varepsilon_0}\frac{\rho \cdot dx}{(r-x)^2}$$

各区間の電荷が r の地点に作る電界はすべて x 軸方向を向いているので，これを $x=0$ から a まで足し合わせればよい．

$$E = \int_0^a dE = \int_0^a \frac{1}{4\pi\varepsilon_0}\frac{\rho \cdot dx}{(r-x)^2} = \frac{\rho}{4\pi\varepsilon_0}\cdot\frac{a}{(r-a)r} = \frac{Q}{4\pi\varepsilon_0(r-a)r}\ [\mathrm{V/m}]$$

ここで $r \gg a$ のときは，$r-a \fallingdotseq r$ と近似できるので $E \fallingdotseq Q/4\pi\varepsilon_0 r^2$ となる．つまり，十分遠くに離れると直線状の電荷も点電荷とみなすことができる．

1.3 $r = \sqrt{x^2+y^2+z^2}$ として，電位の公式は $V(x,y,z) = Q/4\pi\varepsilon_0 r$ である．

$$\frac{\partial}{\partial x}\frac{1}{r} = -\frac{x}{r^3}\ \text{より}, \quad \frac{\partial}{\partial x}\frac{Q}{4\pi\varepsilon_0 r} = -\frac{Qx}{4\pi\varepsilon_0 r^3}$$

y 方向と z 方向の偏微分も同様に計算できるので，$\boldsymbol{E} = -\mathrm{grad}\,V = Q\boldsymbol{r}/4\pi\varepsilon_0 r^3$ となる．これは，式 (1.19) において $\boldsymbol{r}_0 = 0$ とおいた式に一致する．

1.4 球の周りの状態が半径 r にしか依存しないので，電界の方向は点電荷と同じく球の半径方向を向いていると考えられる．よって，電界のガウスの法則から $4\pi r^2 E(r) = q(r)/\varepsilon_0$ である．ここで，$q(r)$ は半径 r の球の内部にある電荷量である．$r<a$ のときには，$q(r) = (r^3/a^3)Q$ であることから，

$$E(r) = \frac{Qr}{4\pi\varepsilon_0 a^3}$$

となるが，$r>a$ のときには，$q(r) = Q$ であることから，

$$E(r) = \frac{Q}{4\pi\varepsilon_0 r^2}$$

となる．すなわち，球の外部では点電荷と同じ値になる．このため，無限遠を基準とした電位は，$r>a$ では，点電荷と同じ

となる．これに対し，$r<a$ では，$r=a$ で電位が連続になる条件から以下のようになる．
$$V(r) = \frac{Q}{4\pi\varepsilon_0 a} - \int_a^r E(r')dr' = \frac{(3a^2-r^2)Q}{8\pi\varepsilon_0 a^3}$$

1.5 半径 a, 電荷 Q の周りの電界強度は $E(r) = Q/4\pi\varepsilon_0 r^2$ であるから，その単位体積あたりの電界エネルギー u_E は
$$u_E(r) = \frac{1}{2}\varepsilon_0 E(r)^2 = \frac{Q^2}{32\pi^2\varepsilon_0 r^4}$$

この電界エネルギー密度を $r \geqq a$ の全空間で足し合わせれば，外部の総エネルギー U_E になる．半径 r の球面上ではエネルギーが一定なので，r と少し離れた $r+dr$ の間に存在するエネルギーは $4\pi r^2 u_E(r)dr$ である．そこでこれを積分して，総エネルギーは
$$U_E = \int_a^\infty 4\pi r^2 u_E(r)\,dr = \int_a^\infty \frac{Q^2}{8\pi\varepsilon_0 r^2}\,dr = \frac{Q^2}{8\pi\varepsilon_0 a}$$

となる．最後の式は，$QV_a/2$ になっていることがわかる．

1.6 点電荷 Q が点 $P = (x,y,z)$ に作る電位 V_1 と，点電荷 $-Q$ が点 (x,y,z) に作る電位 V_2 は，それぞれ $V_1 = Q/4\pi\varepsilon_0 r_1$, $V_2 = -Q/4\pi\varepsilon_0 r$ である．ここで，r_1 は Q と P との距離 $r_1 = \sqrt{(x-d)^2 + y^2 + z^2}$ で，r は原点にある $-Q$ と P との距離 $r = \sqrt{x^2+y^2+z^2}$ である．d が小さいとすれば，
$$\frac{1}{r_1} = \frac{1}{\sqrt{(x-d)^2+y^2+z^2}} \fallingdotseq \frac{1}{r} - \frac{x(-d)}{\left(\sqrt{x^2+y^2+z^2}\right)^3} = \frac{1}{r} + \frac{xd}{r^3}$$

よって電気双極子周りの電位は
$$V = V_1 + V_2 = \frac{Q}{4\pi\varepsilon_0 r_1} + \frac{-Q}{4\pi\varepsilon_0 r} \fallingdotseq \frac{Qd}{4\pi\varepsilon_0 r^3}x$$

第 2 章

2.1 $P = VI$ より，$I = P/V = 30/15 = 2$ A，また $W = Pt$ より，$t = W/P = 1200/30 = 40$ s. したがって，$Q = It = 2 \times 40 = 80$ C.

2.2 $B = \mu_0 NI/l$ より，
$$N = \frac{Bl}{\mu_0 I} = \frac{3 \times 10^{-5} \times 10^3 \times 5 \times 10^{-2}}{4\pi \times 10^{-7} \times 1} = \frac{15}{4\pi} \times 10^3 \fallingdotseq 1194 \text{ 回巻き}$$

2.3 導体棒を中心とした半径 r [m] の円を考えると磁束密度 $B(r)$ はこの円上で一定である．$r < a$ のときは，この円が囲む電流は導体棒に流れる電流 I に対し，その面積比 $(r^2/a^2)I$ の電流になるので，$2\pi r B(r) = \mu_0 (r^2/a^2)I$ となる．よって $B(r) = \mu_0 I r/2\pi a^2$ である．

次に、$a < r < b$ のときは、導体棒をすべて囲んでいるので、直線電流と同じ公式、
$B(r) = \dfrac{\mu_0 I}{2\pi r}$ である。

最後に、$r > b$ のときは、導体棒の電流 I と円筒の電流 $-I$ の合計が 0 となるため、
$B(r) = 0$ となる。

したがって、グラフは解図 1 のようになる。

解図 1

2.4 平板導体の外側の磁束密度 B に対し導体内部の磁界は 0 なので、導体の磁界方向の幅を l [m] とすると $Bl = \mu_0 I$ というアンペールの法則が成り立つように導体表面に電流 I [A] が流れなければならない。たとえば、x 方向に垂直な面をもつ導体を考えて $x < 0$ では真空、$x > 0$ では導体とし、磁界は z 方向を向いているとすると、右ねじの法則から表面電流は y 方向に流れる。この y 方向に流れている電流は磁界から力を受けるが、電流にかかる力の向きは x の正の方向、すなわち、導体を押す方向にはたらく。この力の大きさは電流方向の導体の長さを d [m] とすると、$F = IBd/2$ である。ここで、導体内部では磁束密度が 0 なので、電流には平均の磁界 $B/2$ がかかっていると考えなければならない。F に $I = Bl/\mu_0$ を代入すれば、$F = B^2 ld/2\mu_0$ となる。よって、導体表面の単位面積あたりにかかる力 f [N/m²] は $f = F/ld = B^2/2\mu_0$ となる。これが磁界の圧力である。磁界の圧力は磁界のエネルギー密度に等しいことがわかる。

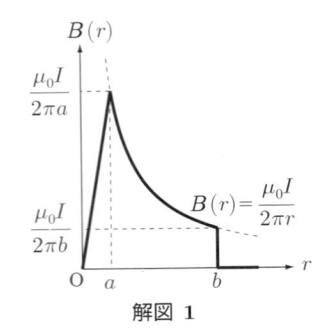

2.5 例題 2.5 より、線分の端から R 離れた点の磁束密度は $B_1 = (\mu_0 I/4\pi R)\cos\alpha$ である。ここで、α は磁界の点から線分のもう一方の端点への直線と線分電流のなす角である。よって、線分の中点から距離 R 離れた点の場合には、片方の端点から中点までの線分電流が作る磁界と、中点からもう片方の端点までの線分電流の作る磁界の重ね合わせである。二つの線分電流の作る磁界は同じ方向、同じ向きなので、重ね合わせて 2 倍になり、$B = (\mu_0 I/2\pi R)\cos\alpha$ となる。

さて、1 辺の長さが a の正方形の場合、その 1 辺から中心までの距離は $a/2$ であり、角度 α は $45°$ なので、4 辺の重ね合わせより
$$B = 4 \times \dfrac{\mu_0 I}{2\pi(a/2)}\cos 45° = \dfrac{2\sqrt{2}\mu_0 I}{\pi a}$$

第 3 章

3.1 コイルを貫く磁束 Φ は、コイルの法線と磁界のなす角を θ とすると、$\theta = \omega t$ であるから、$\Phi = BS\cos\omega t$ [Wb] となる。したがって、
$$\begin{aligned}V_e &= -\dfrac{d\Phi}{dt} = \omega BS\sin\omega t = 120\pi \times 0.01 \times 10 \times 10^{-4} \times \sin 120\pi t \\ &= 12\pi \times 10^{-4}\sin 120\pi t \fallingdotseq 3.77 \times 10^{-3}\sin 120\pi t \text{ [V]} \\ &= 3.77\sin 120\pi t \text{ [mV]}\end{aligned}$$

3.2 このコイルの半径は，$a = 0.02$ m であるから，$2a/l = 2 \times 0.02/0.1 = 0.4$ となり，このコイルの長岡係数は表 3.1 より $K = 0.850$ である．したがってこのコイルの自己インダクタンス L は，
$$L = K\mu_0 \pi a^2 \frac{N^2}{l} = 0.85 \times 4\pi \times 10^{-7} \times \pi \times 0.02^2 \times \frac{100^2}{0.1} \fallingdotseq 1.34 \times 10^{-4} \text{ H}$$

3.3 導体線の周りの電界は 1.9 節で述べた直線電荷の周りの電界に等しいので，導体線から外向きに $E(r) = q/2\pi\varepsilon_0 r$ の電界ができる．ここで，r は中心軸からの距離，q は導体線の単位長さあたりの電荷量である．このとき，導体線と円筒導体の電位差は
$$V = \int_a^b E(r)\,dr = \int_a^b \frac{q}{2\pi\varepsilon_0 r}\,dr = \frac{q}{2\pi\varepsilon_0}\log\frac{b}{a}$$

演習問題 2.3 より，$a < r < b$ での電流 I による磁束密度は $B(r) = \mu_0 I/2\pi r$ なので，同軸ケーブルの断面を単位時間あたりに通過するエネルギーは
$$P = \int_a^b \frac{E(r)B(r)}{\mu_0} 2\pi r\,dr = \int_a^b \frac{qI}{2\pi\varepsilon_0 r}\,dr = \frac{qI}{2\pi\varepsilon_0}\log\frac{b}{a} = VI$$

ここで，半径 r の円と $r+dr$ の円の間の面積が $2\pi r\,dr$ で近似できることを使った．

3.4 磁束密度が時間的に増加すると，それに伴って誘導起電力 V_e が生じる．この誘導起電力はサイクロトロン運動の円が囲む磁束の増加を妨げるように円周上に生じるため，正電荷の回転方向を向いている．よって，正電荷は加速される．負電荷は逆方向に回っているが，起電力に対する力の向きも逆なので，やはり加速の方向にはたらく．よって，電荷の正負にかかわらず速度は増加する．ラーマー半径を r [m] とすれば，面積が πr^2 なので，時間 T [s] の間に磁束密度が B_1 から B_2 に増加すれば，起電力の大きさは $V_e = \pi r^2(B_2 - B_1)/T$ である．ここで，磁界の増加がゆっくりなので，時間 T 後でのラーマー半径は変わらないとした．T を円運動の周期とし，磁束密度が B_1 のときの運動エネルギーを K_1 [J]，B_1 のときの運動エネルギーを K_2 [J] とすると，荷電粒子の電荷が q なので，$K_2 - K_1 = |q|V_e = |q|\pi r^2(B_2 - B_1)/T$ となる．ここで q の正負にかかわらず加速になるように絶対値をつけた．よって，$(K_2 - K_1)/(B_2 - B_1) = |q|\pi r^2/T$ である．

さて，$r = vT/2\pi$，$T = 2\pi/\omega_c = 2\pi m/|q|B_1$ なので，
$$\frac{K_2 - K_1}{B_2 - B_1} = \frac{|q|\pi(vT)^2}{4\pi^2 T} = \frac{|q|v^2}{4\pi}T = \frac{|q|v^2}{4\pi}\frac{2\pi m}{|q|B_1} = \frac{mv^2}{2B_1} = \frac{K_1}{B_1}$$

となる．ここで，磁界の増加がゆっくりとして，右辺は回転開始時の磁束密度 B_1 と速度 v で計算した．これより，$K_2/B_2 = K_1/B_1$ となる．すなわち，運動エネルギーと磁束密度の比はサイクロトロン運動 1 周後も変化しない．

3.5 解答は 2 とおり考えられる．

(1) 長さ l の導体棒は 1 周で πl^2 の円の面積を横切る．よって，1 秒間あたりに横切る磁束から $V_e = \pi l^2 B/(2\pi/\omega) = \omega l^2 B/2$

(2) 中心軸から距離 r 離れた導体上の点は速度 $r\omega$ で回転している．よって，その点の誘導電界は $E(r) = vB = \omega rB$ である．よって，導体棒の両端に生じる起電力は
$$V_e = \int_0^l E(r)\,dr = \int_0^l \omega rB\,dr = \frac{\omega l^2 B}{2}$$

3.6 $f = \rho v$ の関係を電磁エネルギー流れに適用すると，f が電力密度 $S = EB/\mu_0$ であり，ρ がエネルギー密度 $\varepsilon_0 E^2/2 + B^2/2\mu_0$ である．よって，流れの速度 v は

$$v = \frac{f}{\rho} = \frac{\dfrac{EB}{\mu_0}}{\dfrac{1}{2}\varepsilon_0 E^2 + \dfrac{1}{2\mu_0}B^2}$$

となる．一般に正の数 a と b に対して，$(a+b)/2 \geqq \sqrt{ab}$ の不等式が成り立つので，

$$\frac{1}{2}\varepsilon_0 E^2 + \frac{1}{2\mu_0}B^2 \geqq \sqrt{\varepsilon_0 E^2 \times \frac{B^2}{\mu_0}} = \sqrt{\frac{\varepsilon_0}{\mu_0}}|EB|$$

となる．これより，流れの速度 v の絶対値は，

$$|v| \leqq \frac{\dfrac{|EB|}{\mu_0}}{\sqrt{\dfrac{\varepsilon_0}{\mu_0}}|EB|} = \frac{1}{\sqrt{\varepsilon_0 \mu_0}}$$

となる．この上限値が真空中の光速度 c に等しいことは興味深い．

第 4 章

4.1 点電荷は正電荷であると仮定する．点電荷から出た電気力線は解図 2 の右側 (真空側) のように導体表面と垂直に交わらなければならない．そこで図のように導体表面に対して点電荷が作る電気力線と対称な図を描けば，すべての電気力線が連続につながって，そのまま導体表面に対して点電荷と対称な導体内部の点に流入する．この流入点には元の点電荷が出した電気力線と同じ本数の電気力線が入るのだから，点電荷と同じ電荷量の負の点電荷をおいたことに相当する．すなわち，この電気力線が示す状態は点電荷の対称点に同じ電荷量で逆符号の点電荷をおいた電界と等価である．この対称点の逆符号点電荷を鏡像電荷という．

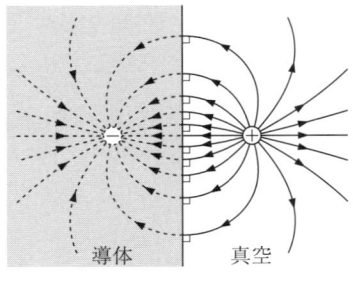

解図 2

導体表面は対称面であるため，表面上のどの点も元の点電荷からの距離と鏡像点電荷からの距離は等しい．電荷の符号が反対なので，結果的に導体表面の電位はどこでも 0 になる．すなわち等電位面である．

4.2 (1) 演習問題 1.6 の解答にあるように，原点に x 方向を向いた双極子をおいたときの電位は $V_p(x,y,z) = (p/4\pi\varepsilon_0 r^3)x$ である．ここで，$p=Qd$, $r=\sqrt{x^2+y^2+z^2}$ である．

(2) 外部の一様電界の電位は $-E_0x$ [V] だから，これと電気双極子の作る電位の重ね合わせは $V(x,y,z) = -E_0x + (p/4\pi\varepsilon_0 r^3)x$ である．これが半径 a の球上で一定になるには V が $r=a$ で x に無関係に 0 になればよい．よって，$p=4\pi\varepsilon_0 a^3 E_0$ とおけばよい．

(3) 以上の結果より，導体球外部 ($r>a$) の電位は

$$V(x,y,z) = -E_0x + \frac{4\pi\varepsilon_0 a^3 E_0}{4\pi\varepsilon_0 r^3}x = -\left(1 - \frac{a^3}{r^3}\right)E_0 x$$

4.3 (1) $p = ql = 1.6\times 10^{-19} \times 0.002 \times 10^{-9} = 3.2\times 10^{-31}$ C·m

(2) $P = \dfrac{N_p p}{d^3} = \dfrac{10^{18} \times 3.2\times 10^{-31}}{(1\times 10^{-2})^3} = 3.2\times 10^{-7}$ C/m^2

したがって分極電界は

$$E_p = -\frac{P}{\varepsilon_0} = -\frac{3.2\times 10^{-7}}{8.85\times 10^{-12}} = -3.6\times 10^4 \text{ V/m}$$

4.4 以下の手順どおりである．なお，式を簡単にするため，x–y 座標で計算しているが，z 座標を入れても結果は同じである．

(1) 演習問題 1.4 より，半径 a の球電荷 Q の内部電位は球の中心から距離 r の点で $V(r) = (3a^2 - r^2)Q/8\pi\varepsilon_0 a^3$ である．Q の球電荷が $(d,0)$, $-Q$ の球電荷が $(0,0)$ におかれていれば，電位の重ね合わせにより，

$$V = \frac{(3a^2 - r_1^2)Q}{8\pi\varepsilon_0 a^3} - \frac{(3a^2 - r_2^2)Q}{8\pi\varepsilon_0 a^3} = \frac{(r_2^2 - r_1^2)Q}{8\pi\varepsilon_0 a^3}$$

である．ここで，電位の座標点を (x,y) とすると，Q からの距離が $r_1 = \sqrt{(x-d)^2 + y^2}$, $-Q$ からの距離が $r_2 = \sqrt{x^2 + y^2}$ であるので，

$$V = \frac{((x^2+y^2) - ((x-d)^2 + y^2))Q}{8\pi\varepsilon_0 a^3} = \frac{Q(2dx - d^2)}{8\pi\varepsilon_0 a^3}$$

(2) この電位は x だけの関数なので，電界 E_p は x 方向を向き，$E_p = -\partial V/\partial x = -Qd/4\pi\varepsilon_0 a^3$ である．すなわち電界 E_p は Qd に比例する．

(3) この Qd は誘電体全体の電気双極子モーメントであると考えられる．よって電気分極 P は Qd を球の体積 $(4/3)\pi a^3$ で割ったものである．すなわち，$Qd = 4\pi a^3 P/3$ を代入すると $E_p = -4\pi a^3 P/12\pi\varepsilon_0 a^3 = -P/3\varepsilon_0$ となる．この E_p と外部電界 E_0 を加えたものが誘電体内部に生じる電界 E であり，電気分極 P がこの内部電界と $P = \varepsilon_0 \chi_e E$ の関係にあることから

$$E = E_0 + E_p = E_0 - \frac{P}{3\varepsilon_0} = E_0 - \frac{\chi_e}{3}E$$

となる．これを E について解けば，

$$E = \frac{3E_0}{\chi_e + 3}$$

となる．

第5章

5.1 (1) コイル内部の磁束密度は $B = \mu_0 NI/l$ [T] であるから，コイルの端から発生する磁束は $\Phi = BS = \mu_0 NSI/l$ である．これを磁極の強さ m だと考えれば，磁気双極子モーメントは $p_m = \Phi l = \mu_0 NSI$ である．

(2) 真空の透磁率 μ_0 を磁性体の透磁率 $\mu_0 \mu_r$ で置き換えればよいので，p_m は μ_r 倍になる．

5.2 (1) $L_1 = \mu_r \mu_0 \dfrac{N_1^2 S}{l} = \dfrac{7 \times 4\pi \times 10^{-7} \times 300^2 \times 5 \times 10^{-4}}{4\pi \times 10^{-2}} = 3.15 \times 10^{-3}$ H

(2) $M = \mu_r \mu_0 \dfrac{N_1 N_2 S}{l} = \dfrac{7 \times 4\pi \times 10^{-7} \times 300 \times 400 \times 5 \times 10^{-4}}{4\pi \times 10^{-2}} = 4.2 \times 10^{-3}$ H

5.3 コイルに流れる電流を i とすれば，$H = Ni/l$ の関係で電流を表すことができ，$B = \mu_0 H + P_m$ より磁束密度 B が磁気分極と H の一次関数で表される．よって，鎖交磁束 $\phi = BNS$ も磁気分極と電流の一次関数の和で表せるので，図 3.13(b) のような i-ϕ のグラフを描くと解図3(a) のようになる．図 (b) のように点 A から点 B まで電流を増加させるのに必要な仕事は ϕ 軸とヒステリシス曲線の間の面積になるので図の + の部分の面積である．その後，点 B から電流を減少させて 0 にしても点 A に戻らず点 C に達するので，そのとき戻ってくるエネルギーは図 (c) の - の部分だけで残りは損失となる．交流 1 周期に関して計算すれば，ちょうどヒステリシス曲線が囲む面積に相当する仕事が失われることになる．

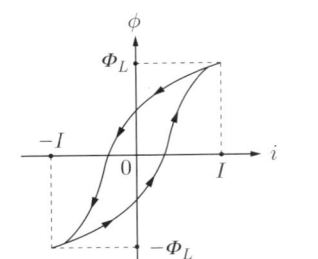

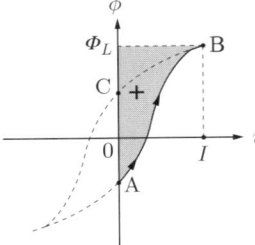

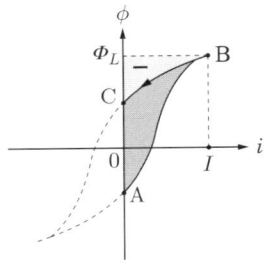

(a) 電流－鎖交磁束のヒステリシス　(b) 磁束の増加による仕事　(c) 磁束の減少による仕事

解図 3　ヒステリシスループにおける仕事

5.4 電流として流れている電荷は正電荷だとする．このとき，電荷は電流と同じ向きに流れているのでその速度を v [m/s] とすれば，移動する導体棒に生じる起電力 (式 (3.14)) と同様に，$V_e = vBl$ [V] になる．これに対し，電流は式 (5.46) より，$I = qnvS$ [A] で，問題の場合には断面積が $S = ld$ [m^2] である．よって，ホール係数は $R_H = V_e d/IB = vBld/qnvldB = 1/qn$ となる．これに対し，流れているのが負電荷の場合には運動の方向が電流と逆向きになるため v は負である．よって，起電力の向きも反対で，ホール係数は負になる．このようにホール効果を利用すれば，電荷密度を測ることができると同時に，電荷の正負を調べることができる．

5.5 抵抗の内部には，両端電圧 V を長さ l で割った電界 $E = V/l$ が生じる．また，電流 I に

より，磁束密度 $B = \mu_0 I/2\pi a$ の磁界が抵抗の表面に発生する．よって，抵抗表面の電力密度 S は $S = \dfrac{EB}{\mu_0} = \dfrac{1}{\mu_0}\dfrac{V}{l}\dfrac{\mu_0 I}{2\pi a} = \dfrac{VI}{2\pi al}$ となる．分母の $2\pi al$ は抵抗の側面積であるから，抵抗の側面から流れ込む電磁エネルギー流れ $2\pi al S$ が消費電力 $P = VI$ に等しいことがわかる．

第6章

6.1 ラプラス方程式を偏微分で書けば $\dfrac{\partial^2 V}{\partial x^2} + \dfrac{\partial^2 V}{\partial y^2} + \dfrac{\partial^2 V}{\partial z^2} = 0$ である．点電荷が原点にあるとすれば $r = \sqrt{x^2 + y^2 + z^2}$ なので，$\dfrac{\partial}{\partial x}\dfrac{1}{r} = -\dfrac{x}{r^3}$, $\dfrac{\partial^2}{\partial x^2}\dfrac{1}{r} = -\dfrac{1}{r^3} + \dfrac{3x^2}{r^5}$ となる．y 微分，z 微分も同様に計算すれば，

$$\frac{\partial^2}{\partial x^2}\frac{1}{r} + \frac{\partial^2}{\partial y^2}\frac{1}{r} + \frac{\partial^2}{\partial z^2}\frac{1}{r} = -\frac{3}{r^3} + \frac{3(x^2 + y^2 + z^2)}{r^5} = 0$$

となる．ここで，$x^2 + y^2 + z^2 = r^2$ を使用した．

6.2 $\mathrm{grad}\, V = \left(\dfrac{\partial V}{\partial x}, \dfrac{\partial V}{\partial y}, \dfrac{\partial V}{\partial z}\right)$ を用いて $\mathrm{rot}\,\mathrm{grad}\, V$ の x 成分を計算すれば，

$$\frac{\partial}{\partial y}\frac{\partial V}{\partial z} - \frac{\partial}{\partial z}\frac{\partial V}{\partial y} = 0$$

同様に，y 成分も z 成分も 0 になるので，$\mathrm{rot}\,\mathrm{grad}\, V = 0$ である．よって，$\mathrm{rot}\, \boldsymbol{E} = 0$ となる．

6.3 (1) $\mathrm{div}\, \boldsymbol{B}$ を計算すれば，

$$\frac{\partial B_x}{\partial x} + \frac{\partial B_y}{\partial y} + \frac{\partial B_z}{\partial z}$$
$$= \frac{\partial}{\partial x}\left(\frac{\partial A_z}{\partial y} - \frac{\partial A_y}{\partial z}\right) + \frac{\partial}{\partial y}\left(\frac{\partial A_x}{\partial z} - \frac{\partial A_z}{\partial x}\right) + \frac{\partial}{\partial z}\left(\frac{\partial A_y}{\partial x} - \frac{\partial A_x}{\partial y}\right) = 0$$

(2) $\boldsymbol{A} = (0, A_0 \sin(kx - \omega t), 0)$ より，$\boldsymbol{B} = \mathrm{rot}\, \boldsymbol{A} = (0, 0, kA_0 \cos(kx - \omega t))$ となる．これは，式 (6.60) で $kE_0/\omega = kA_0$ とおいたことに相当するので，電磁誘導の法則を逆算して，

$$\boldsymbol{E} = (0, E_0 \cos(kx - \omega t), 0) = (0, \omega A_0 \cos(kx - \omega t), 0)$$

(3) 拡張されたアンペールの法則の y 成分より，

$$-\frac{\partial B_z}{\partial x} = \mu_0 i_y + \varepsilon_0 \mu_0 \frac{\partial E_y}{\partial t}$$

なので，これにベクトルポテンシャルを代入すれば

$$-\frac{\partial}{\partial x} kA_0 \cos(kx - \omega t) = \mu_0 i_0 \sin(kx - \omega t) + \varepsilon_0 \mu_0 \frac{\partial}{\partial t}\omega A_0 \cos(kx - \omega t)$$

となる．偏微分を計算すれば，

$$k^2 A_0 \sin(kx - \omega t) = \mu_0 i_0 \sin(kx - \omega t) + \varepsilon_0 \mu_0 \omega^2 A_0 \sin(kx - \omega t)$$

これがつねに成り立つ条件は，次式になる．

$$A_0 = \frac{\mu_0 i_0}{k^2 - \varepsilon_0\mu_0\omega^2}$$

6.4 (1) y 方向の振動 $E_y = E_0\cos(kx-\omega t)$ に対する磁界は z 方向の $B_z = (E_0/c)\cos(kx-\omega t)$ である．z 方向の電界を cos で表せば $E_z = E_0\cos(kx-\omega t - 90°)$ で，電磁波における $\boldsymbol{E}$ と $\boldsymbol{B}$ の関係より $B_y = -(E_0/c)\cos(kx-\omega t - 90°) = -(E_0/c)\sin(kx-\omega t)$ である．よって，
$$\boldsymbol{B} = \left(0, -\frac{E_0}{c}\sin(kx-\omega t), \frac{E_0}{c}\cos(kx-\omega t)\right)$$

(2) ポインティングベクトルの z 成分は
$$S_z = \frac{E_y B_z - E_z B_y}{\mu_0} = \frac{(E_0^2/c)\cos^2(kx-\omega t) + (E_0^2/c)\sin^2(kx-\omega t)}{\mu_0} = \frac{E_0^2}{c\mu_0}$$
となり，時間的にも空間的にも一定である．

6.5 式 (6.41) の拡張されたアンペールの法則，$\mathrm{rot}\,\boldsymbol{B} = \mu_0\bigl(\boldsymbol{i} + \varepsilon_0(\partial\boldsymbol{E}/\partial t)\bigr)$ の両辺のダイバージェンスを計算すると
$$\mathrm{div}\,\mathrm{rot}\,\boldsymbol{B} = \mu_0\left(\mathrm{div}\,\boldsymbol{i} + \varepsilon_0\mathrm{div}\,\frac{\partial\boldsymbol{E}}{\partial t}\right)$$
となる．この式の左辺は公式により 0 である．右辺の div と時間微分は交換することができ，両辺を μ_0 で割ると，
$$0 = \mathrm{div}\,\boldsymbol{i} + \varepsilon_0\frac{\partial}{\partial t}\mathrm{div}\,\boldsymbol{E} = \mathrm{div}\,\boldsymbol{i} + \varepsilon_0\frac{\partial}{\partial t}\frac{\rho}{\varepsilon_0}$$
となる．最後は，電界のガウスの法則を使って書き換えた．以上より，次式となる．
$$\mathrm{div}\,\boldsymbol{i} + \frac{\partial\rho}{\partial t} = 0$$

参考図書

　電磁気学に関する書籍は星の数ほどあるといっても大げさではありません．ここでは，筆者が本書を執筆するにあたって参考にした代表的な本を示します．

(1) 中山正敏著『電磁気学』，裳華房，1986 年
(2) 高重正明著『スタンダード電磁気学』，裳華房，1998 年
(3) 砂川重信著『理論電磁気学　第 3 版』，紀伊國屋書店，1999 年
(4) エリ・ランダウ，イェ・リフシッツ著，井上健男，安河内昂，佐々木建訳『電磁気学 1』，東京図書，1962 年
(5) 太田浩一著『電磁気学 I』，丸善出版，2000 年
(6) J. D. Jackson 著，西田稔訳『ジャクソン電磁気学　原書第 3 版 (上), (下)』，吉岡書店，2002 年
(7) 霜田光一『歴史をかえた物理実験』，丸善出版，1996 年

　(1) と (2) は以前筆者が講義用の教科書として使わせていただいていた本で，そのほかは筆者自身が電磁気学を勉強するのに使った本です．電気の歴史に関しては，(7) を参考にしました．この本は，単に歴史の流れを語るだけではなく，実験方法が詳しく書かれているので，どのようにして実験家たちが苦労して精度の良い実験を行ってきたかがよくわかります．また，比誘電率・比透磁率・抵抗率のデータに関しては以下を参考にしました．

(8) 国立天文台編『理科年表（平成 22 年）』，丸善出版，2009 年
(9) (社) 日本物理学会編集『物理データ事典』，朝倉書店，2006 年

　このほか，筆者の専門であるプラズマ物理学や統計力学などで勉強したことも本書に影響を与えていると思うので，興味のある人はその分野の専門書をぜひ読んでみてください．

索引

ア行

アンペールの法則	51, 161
——の一般化	55
アンペール力	63
位置エネルギー	4, 141
インダクタンス	82
永久磁石	42, 142
エネルギー	2, 4
エネルギー方程式	164
エネルギー保存の法則	4
遠心力	66
オームの法則	144, 146

カ行

外積	179
外部磁界	132
外部電荷	122
外部電流	137
拡張されたアンペールの法則	97, 162
重ね合わせ	13
荷電粒子	66
環状磁性体コイル	134
起電力	74
キャパシタ	108
キャパシタンス	109
キュリー温度	142
強磁性体	142
クーロンの法則	12
クーロン力	12
原子	101
——核	102
——番号	101
原子核	14
コイル	61, 72, 133
合成静電容量	112
合成電気抵抗	147
コンデンサ	108

サ行

サイクロトロン運動	66
サイクロトロン周波数	67
鎖交磁束	82
散乱	145
磁界	43
——エネルギー	90
——エネルギー密度	91
——のガウスの法則	46, 158
——の周回積分	56
——の強さ	43, 137
磁化電流	136
磁化率	133, 138
磁荷	43
磁気双極子	131, 180
——モーメント	131, 181
磁気分極	131, 132
磁極	42
自己インダクタンス	82, 134
仕事	3, 27
——率	49
自己誘導	84
磁性体	130
磁束	45

——の節 · 70	単極磁荷 · 44, 180
——密度 · 46	力 · 3
磁場 · 43	中性子 · 102
自発分極 · 142	直線電荷 · 26
周回積分 · · · · · · · · · · · · · · · · 34, 57, 77	直線電流 · 50
自由電荷 · 103	直列接続コンデンサ · · · · · · · · · · · · 112
常磁性体 · 132	直列接続電気抵抗 · · · · · · · · · · · · · 147
状態量 · 88	抵抗率 · 146
消費電力 · 149	電圧 · 2, 8
常誘電体 · 117	電位 · 8, 26
磁力線 · 44	——差 · 8, 26
シールド · 107	電荷 · 5
真空 · 10	——密度 · 16
——の誘電率 · · · · · · · · · · · · · · · · · · 10	面—— · 16
真電流 · 97	——量 · 6
制御変数 · 88	電界 · 6
静電エネルギー · · · · · · · · 38, 111, 124	——エネルギー · · · · · · · · · · · · · · · 36
静電界 · 9	——エネルギー密度 · · · · · · · · · · 39
静電しゃへい · · · · · · · · · · · · · · · · · · 107	——強度 · 6
静電誘導 · 103	電磁誘導—— · · · · · · · · · · · · · · · · · · 76
——電荷 · 103	——のガウスの法則 · · · · · · 21, 155
——電界 · 104	電荷密度 · 157
静電容量 · 109	電気回路 · 1
積分形のマクスウェル方程式	電気感受率 · 118
· 47, 58, 78, 97	電気双極子 · 115
絶縁体 · 114	——密度 · 118
セルフコンシステント · · · · · · · · · · 101	——モーメント · · · · · · · · · · · · · · · 115
線積分 · 29, 57	電気抵抗 · · · · · · · · · · · · · · · · · · 144, 146
相互インダクタンス · · · · · · · · 83, 135	電気分極 · 117
相互誘導 · 84	電気力線 · 18
束縛エネルギー · · · · · · · · · · · · · · · · · 126	——の圧力 · 40
束縛力 · 115	——の張力 · 40
ソレノイドコイル · · · · · · · · · · · · · · · · 61	——の面密度 · · · · · · · · · · · · · · · · · · 20
タ 行	電源 · 5
ダイバージェンス · · · · · · · · · · · · · · · 157	電子 · 14, 102
単位法線ベクトル · · · · · · · · · · · · · · · 22	電磁エネルギー流れ · · · · · · · · · · · · · 93
	点磁極 · 43

電磁石 ·· 60
電磁波 ·· 97, 165, 167
電磁誘導 ································· 69, 72
　　――電界 ·· 76
　　――の法則 ························· 73, 158
電束 ·· 122
　　――密度 ·· 122
点電荷 ·· 7
電動機 ·· 64
伝導電流 ·· 97
電場 ·· 6
電流 ·· 48
　　――エネルギー ······················ 88, 139
　　――素片 ·· 52
　　――密度 ·································· 147, 162
電力 ·· 49
　　――密度 ·· 93
透磁率
　　磁性体の―― ························· 138
　　真空の―― ······························ 43, 51
　　比―― ··· 133
同心球殻コンデンサ ············· 110
導体 ································ 48, 102
導体球の静電容量 ························· 111
導体棒に誘導される起電力 ··········· 80
等電位面 ·· 32

ナ 行

内積 ·· 178
長岡係数 ·· 85
ナブラ ·· 177
2層誘電体コンデンサ ············· 123
粘性 ·· 145

ハ 行

媒質 ·································· 122, 138
発電 ··· 77
　　――機 ··· 79

反磁性体 ··· 143
ビオ・サバールの法則 ·········· 52
光の速度 ······································· 94, 98, 167
ヒステリシス ························· 143
一巻きコイル ························· 73
微分形のマクスウェル方程式 ······ 155, 163
比誘電率 ································· 119
ファラデーの電磁誘導現象 ········· 72
負荷 ··· 77
不導体 ·· 114
フレミングの左手則 ·················· 63
フレミングの右手則 ·················· 80
分極電荷 ································ 118
分極電界 ································ 119
分極電流 ································ 136
平行平板コンデンサ ············· 109
平行平板電荷 ························· 25
平行面電流 ······························ 59
並列接続コンデンサ ············· 113
並列接続電気抵抗 ··············· 148
変圧器 ·· 87
変位電流 ······················· 95, 155
ポインティングベクトル ········· 94

マ 行

マクスウェル方程式 ·················· 23
摩擦力 ··· 145
右ねじの方向 ················ 50, 57, 75
密結合 ·· 90
面積分 ······················ 22, 47, 78, 96
面電荷 ··· 24
　　――密度 ·················· 16, 106, 117
面電流 ··· 58
モーター ································· 64

ヤ 行

誘電体 ······························· 102, 114
　　――の誘電率 ······················· 121

——をはさんだ静電容量 121
陽子 102

ラ 行

ラーマー半径 67
リング電荷 15

リング電流 53, 131
連続的に分布した電荷 15
レンツの法則 74
ローテーション 160
ローレンツ力 65

著者略歴

田口　俊弘（たぐち・としひろ）
- 1982年　大阪大学大学院工学研究科電気工学専攻博士後期課程修了
- 1982年　米国カリフォルニア大学ロサンゼルス校　研究員
- 1983年　レーザー学会レーザー技術振興センター　研究員
- 1984年　理化学研究所半導体工学研究室　研究員
- 1989年　摂南大学工学部電気工学科　助教授
- 2004年　摂南大学工学部電気電子工学科　教授
- 2010年　摂南大学理工学部電気電子工学科　教授
- 　　　　現在に至る
- 　　　　工学博士

井上　雅彦（いのうえ・まさひこ）
- 1986年　大阪大学大学院工学研究科応用物理学専攻博士後期課程修了
- 1986年　豊橋技術科学大学工学部電気電子系　助手
- 1989年　名古屋大学大学院工学研究科結晶材料工学専攻　助手
- 1993年　大阪大学工学部応用物理学科　助手
- 1996年　摂南大学工学部電気工学科　助教授
- 2006年　摂南大学工学部電気電子工学科　教授
- 2010年　摂南大学理工学部電気電子工学科　教授
- 　　　　現在に至る
- 　　　　工学博士

編集担当	千先治樹（森北出版）
編集責任	石田昇司（森北出版）
組　版	アベリー
印　刷	エーヴィスシステムズ
製　本	協栄製本

エッセンシャル電磁気学
― エネルギーで理解する ―　　　　　　　© 田口俊弘・井上雅彦　2012

2012年 9月20日　第1版第1刷発行　　　　【本書の無断転載を禁ず】
2018年 2月19日　第1版第3刷発行

著　者　田口俊弘・井上雅彦
発行者　森北博巳
発行所　森北出版株式会社

　　　東京都千代田区富士見 1-4-11（〒102-0071）
　　　電話 03-3265-8341／FAX 03-3264-8709
　　　http://www.morikita.co.jp/
　　　日本書籍出版協会・自然科学書協会　会員
　　　JCOPY ＜(社)出版者著作権管理機構　委託出版物＞

落丁・乱丁本はお取替えいたします.

Printed in Japan　／　ISBN978-4-627-73501-9

MEMO